数学名著译丛

数学与猜想

第二卷

合情推理模式

〔美〕G. 波利亚 著

李志尧 王日爽 李心灿 译

杨禄荣 张理京 校

科学出版社

北京

内 容 简 介

本书是《数学与猜想》的第二卷. 这一卷系统地论述了合情推理的模式，评述它们彼此之间以及与概率计算的关系，并扼要地讨论了它们与数学发现及教学的关系.

本书将数学中的推理模式与生活中的实例相联系，论述深入浅出，读来令人兴味盎然. 全书有大量习题，书末附有习题解答.

本书可供大学数学系师生、中学教师、数学研究人员及数学爱好者阅读.

图书在版编目(CIP)数据

数学与猜想；合情推理模式(第二卷)/(美)波利亚(Polya, G.)著；李志尧，王日爽，李心灿译. –北京：科学出版社, 2001.5
(数学名著译丛)
ISBN 978-7-03-009111-6
Ⅰ. 数… Ⅱ. ①波… ②李… ③王… ④李… Ⅲ. 逻辑推理 Ⅳ. O141

中国版本图书馆 CIP 数据核字(2000) 第 88149 号

科 学 出 版 社 出版
北京东黄城根北街 16 号
邮政编码: 100717
http://www.sciencep.com

北京富资园科技发展有限公司印刷
科学出版社发行 各地新华书店经销
*
2001 年 7 月第 一 版 开本: 850×1168 1/32
2025 年 7 月第二十九次印刷 印张: 7
字数: 177 000

定价: 58.00 元

(如有印装质量问题，我社负责调换)

序　　言

归纳推理是不同的哲学观点彼此争论的场所之一，这种争论至今仍然比较活跃．已通读本书第一卷的读者必定会幸运地注意到两件事．首先，在数学发现中归纳推理与类比推理起着主要作用．其次，这两种推理都是合情推理的特殊情况．我想，不考虑合情推理的孤立的特殊情况，而考虑它的基本思想会更有哲学意味．本卷试图系统地讲一些合情推理模式，用以研究它们与概率计算的关系，确定在什么意义上它们能当作合情推理的"规则"．此外还扼要地讨论了它们与数学发明及教学的关系．

本卷正文不经常明显地涉及第一卷，而读者也不必查阅这些引证就能懂得其主要的联系．在列于本卷各章的问题中，有一些问题读者若不参阅第一卷是解答不了的．但就整体来说，在你第一次阅读第二卷时，虽然事先你并未读过第一卷，也能读懂第二卷．当然，还是先读第一卷，再读第二卷更自然些，因为第一卷的许多例子为我们提供了研究第二卷的实验资料及丰富背景．

鉴于下面要提到的方法，这种资料及背景是特别需要的．我希望按博物学家的方法研究合情推理：我收集观察报告，叙述结论，强调为我的观察资料所证明的观点，然而我尊重读者的见解，而且不想强迫或诱使他们采纳我的结论．

当然，这里所提出来的观点说不上是最终的．事实上，有几个地方我清楚地感到需要做或多或少的改进．然而我相信主要方向是对的，对本书所提出问题的讨论，特别是那些例子，可以把合情推理，特别是有时当作"客体"有时当作"主体"的归纳推理的"两重性"和"补充方面"解释清楚．

G．波利亚

斯坦福大学

1953.5.

对读者的提示

若在第七章中引用第七章的第2节时我们记为§2，但在其他各章中引用此节时则记为§7.2．若在第十四章中引用第十四章第5节的小节(3)时，我们记为§5(3)，但在其它各章引用此小节时则记为§14.5(3)．当第十四章的例26在本章中引用时我们记为例26，但在其它各章中引用时则记为例14.26．

阅读本书的主要部分，只要具有初等代数和初等几何的一些知识就够了．若具有初等代数和初等几何的全部知识和解析几何以及极限、无穷级数、微积分的某些知识，则对于阅读差不多全书和大多数例题与注释是足够的．然而，本书中少量非主要的注释和某些问题的注释以及若干讨论，则是针对具有高水平的读者而写的．每当用到比较高深的知识时，通常都会声明．

具有高等水平的读者，若他跳过其自认为是太初等的东西不看的话，则他漏过的东西将比没有高等水平的读者要多，而后者往往只会跳过在他看来是太复杂的那些东西．

应该注意，(不很困难的)论证的某些细节，我们通常都不加提醒地省略了．希望素有严格证题习惯的读者，不致于因此而破坏了自己的良好习惯．

要求解答的问题，有些是很容易的，但有一小部分却相当困难．方括号[ ]内的提示可以使解答变得容易．难题周围的问题则可以起到解难题的提示作用．在某些章的例题之前或在第一部分或在第二部分之前所加的几行"开场白"，应该受到特别注意．

解答有时是很简短的：因为我们假定读者在查阅解答之前已用自己的方法实实在在地尝试过求解了．

一个读者，若在一个问题上真的下了功夫，即使他解题时没有成功，那他也可从中受到教益，例如经过一番努力之后，他可以去查看一下解答，再把书放在旁边，思考一下关键在那里，然后再试图去做出解答来.

在某些地方，本书不惜用大量的图示或详细的推导过程，目的是使读者看清图示或公式的演变过程. 例如，可参看图 16.1～16.5. 然而任何一本书都不能说它已给出了足够的图形或公式. 当读者读到某一段时，可能有两种态度：一种是粗略看看，一种是读深读透. 如果想读深读透，那就应该手边有纸有笔，应该准备写下书上给出的公式或画下书上给出的图形以及公式，看到演变过程的各种细节是如何影响最后的结果的. 这样作就会有助于记住全部东西.

目　　录

（第二卷）

第十二章　几个著名模式

在这个阶段，我不希望审定论证的这种形式的逻辑证明；我暂且把它看作是一种能在人类和动物的习性中观察得到的习惯.

——贝特兰·罗素[1)](Bertrand Russell)

§1. 证实一个结论

在本书的第一卷《数学中的归纳和类比》中，我们看到了合情推理的实例. 在第二卷中我们要用概括的语言来描述这种实例. 第一部分例子已经简述了合情推理的某些形式或"模式". 在这一章里我们要明白地系统地叙述这些模式[2)].

我们从合情推理的模式开始，这种模式具有相当广泛的用处，以致我们几乎能从任意一个例子中把它引出来. 但还是让我们举一个以前没有讨论过的例子吧.

下面是欧拉猜想[3)]：任何可以写成 $8n+3$ 的整数是一个平方数与一个素数的两倍之和. 欧拉没能证明这个猜想，现在看来要去证明它的难度也许会比欧拉时代更大. 欧拉还对所有 200 以内的形如 $8n+3$ 的数证实了他的猜想；对 $n=1,2,\cdots,10$ 见表 I.

这种实验工作可以很容易地做下去；对 1000 以下的数无一例外都是对的[4)]. 这就证明了欧拉猜想了吗？决不是的；即使一直验证到 1,000,000 也还是什么都没有证明. 然而每一个验证都使猜想更可靠一点，在这当中我们能看到一般模式.

---

1) 《哲学》(*Philosophy*), W. W. Norton & Co., 1927, 80 页.

2) 本章的一些内容，我曾在 1950 年《国际数学家会议的会议录》(*Proceedings of the International Congress of Mathematicians*) 第 1 卷，739～747 页"论合情推理"(On plausible reasoning) 一文的发言稿中用过.

3) 《全集》(*Opera Omnia*)，第 1 辑第 4 卷 120～124 页. 在这一节里欧拉把 1 当作素数；为说明 $3=1+2\times1$，这是必要的.

4) D. H. 兰姆 (Lehmer) 教授的书信.

表 1.

$11=1+2\times5$
$19=9+2\times5$
$27=1+2\times13$
$35=1+2\times17=9+2\times13=25+2\times5$
$43=9+2\times17$
$51=25+2\times13$
$59=1+2\times29=25+2\times17=49+2\times5$
$67=9+2\times29$
$75=1+2\times37=49+2\times13$
$83=1+2\times41=9+2\times37=25+2\times29=49+2\times17$

设A为某个明确表达的猜想，现在它既未被证明为真也未被证明为假.（例如，A可以是欧拉猜想，则对$n=1,2,3,\cdots$，

$$8n+3=x^2+2p,$$

此处x是整数，p是素数.）设B是A的某个结论；B也应该是个清楚地陈述的、既未被证明为真也未被证明为假的结论.（例如，B可以是欧拉猜想的未列入表内的第一个特例，即$91=x^2+2p$.）现在我们不知道A为真还是B为真.然而，我们知道

$$A\text{蕴含}B.$$

于是，我们着手检验B.（只做几个实验足以发现关于91的假设是真还是假.）如果得知B是假的，我们就能断言A也是假的.这是十分清楚的. 在这里我们有一个古典的初等推理模式，即所谓三段论法的“否定式”：

$$\frac{\begin{array}{c}A\text{蕴含}B\\ B\text{假}\end{array}}{A\text{假}}$$

把两个前提与结论隔开来的水平线通常表示“因此”一词.这里我们有著名的论证推理模型.

如果B是真的，结果又怎样呢？（确切地说，$91=9+2\times41=81+2\times5$.）没有论证结论：证实$A$的结论$B$为真并没有证明猜想$A$.然而这种证实却使$A$变得更为可靠.（再一次证实使欧拉猜想变得稍微更加可靠.）在此我们有一个合情推理模式：

$$\frac{\begin{array}{c}A\text{蕴含}B\\B\text{真}\end{array}}{A\text{更可靠}}$$

水平线又表示“因此”. 我们将这个模式称为基本归纳模式，或稍简短些，“归纳模式”.

这个归纳模式没有任何使人惊奇的东西. 相反，它表达了一个不讲常理的人才可能怀疑的信念：证实一个结论总是使猜想更可靠. 稍加留意，我们就能看到在日常生活中，在法庭上，在科学里等等的无数推理，这些推理都遵从我们的模式.

§2. 连续证实几个结论

在这节我们把短语“讨论定理”寓为“讨论或考察定理的某些特例及它的一些更直接的推论”这样的特殊意义. 我认为在低年级和高年级讨论中所提出来的定理都是有益的. 我们来考虑一个非常初等的例子. 假定你教立体几何并且必须导出一个锥的平截头体的侧面积公式. 当然，锥是直立圆锥，已给出其底半径为 R，顶半径为 r，高为 h. 你做完通常的推导，得到结果：

A. 平截头体的侧面积是

$$\pi(R+r)\sqrt{(R-r)^2+h^2}.$$

我们称这个定理为 A，以便将来引用.

现在来讨论定理 A. 你问学生：你能检验一下这个结果吗？如果没有回答，你就给他们一些更明显的提示：你能应用它去检验结果吗？你能把它应用到一些你已经知道的特殊情况之中去检验其正确性吗？最后终于得到了你的班级的或多或少的一点合作，认真处理各种已知情况. 如果 $R=r$，你得到第一个值得注意的特例：

B_1. 圆柱的侧面积是 $2\pi rh$.

当然，h 表示圆柱的高，r 表示它的底半径. 我们称 A 的这个结论为 B_1，以便将来参考. 结论 B_1 在你的班级上已经处理过了，因而把它看作 A 的一个证实.

取 $r=0$，你得到另一个特例，即有：

B_2. 锥的侧面积是 $\pi R\sqrt{R^2+h^2}$.

此处 h 表示锥高，R 表示锥底半径. A 的结论 B_2 也已经是已知的了，并看作是 A 的进一步证实.

相应于 $h=0$ 有一个不明显但却有趣的特例：

B_3. 半径分别为 R 与 r 的两个同心圆之间的圆环面积是

$$\pi R^2-\pi r^2.$$

A 的结论 B_3 可由平面几何得知，又提供了 A 的另一个证实.

前面的三个特例都可以从早先的研究中得知，它们从三个不同方面证实 A；三个图形(分别对应于 $r=R$，$r=0$ 及 $h=0$ 的圆柱，圆锥及同心圆)看上去却是完全不同的. 你还可以注意到非常特殊的情况 $r=h=0$.

B_4. 半径为 R 的圆面积是 πR^2.

我有时发现，坐在最后一排的一个似乎睡熟了的男孩，在我的仔细推导接近末尾时，他睁开眼睛并表示出他对讨论过程有些兴趣. 公式的推导显然是简单而容易的，但对他似乎是深奥而困难的，推导没能使他信服. 他更信服于讨论：他想，在如此多又是如此不同的情况下受到检验的公式，是有希望被证明是正确的. 在这样的想像之中，他适应了合情推理模式，这模式紧密地与基本归纳模式相联系，但比后者更为成熟：

A 蕴含 B_{n+1}
B_{n+1} 与前面已经证实的 A 的结论 B_1，
$B_2,\cdots,B_n$ 相比是十分不同的
B_{n+1} 为真
———————————————
A 可靠得多

这个模式给基本归纳模式增加了一个条件. 当然，证实任一结论，都能增强我们对猜想的信心. 但是，有些结论的证实能较多地增强我们的信心，而另一些结论的证实则较少地增强我们的信心. 刚才说的模式提出一种很值得我们注意的情况，它对增强归纳证据的份量有极大的影响：各种结论都试验过了. 如果新结论与以前证实了的结论越不相同，新结论证实的价值就越大.

现在我们来考察问题的另一方面. 拿上述§1的例子来看. 证实欧拉猜想的表 I 内的相继各项看上去彼此很相似——除非我们注意到某个被隐藏的线索，而要看到这样的线索似乎是十分困难的. 因此，我们早晚会厌倦于一系列单调的证明. 在证实了一定数量的实例之后，我们踌躇起来. 还值得再做一个吗？如果下一个结论是否定的，那就会推翻猜想——但是下一个实例和已证实的实例在各个已知方面是那么相似，以致于我们简直不能期待得到一个否定的结果. 如果下一个实例的结论是肯定的，那就会增强我们对欧拉猜想的信心，但这种信心的增强是如此之少，以致于补偿不了为再去检验下一个实例所带来的麻烦.

这种想法提出下面的、本质上和我们刚才讲过的并无不同的、只是它的一种补充形式的模式：

A 蕴含 B_{n+1}
B_{n+1} 是十分相似于前面证实过的 A 的结论 $B_1, B_2, \cdots, B_n$
B_{n+1} 为真

A 只是多一些可靠性

证实新结论意义的大小随新结论与前面已证实的结论之间的差异大小而定；其差异愈大，则意义愈大，反之，其差异愈小则意义也愈小.

§3. 证实一个未必可信的结论

在欧拉的一本有点名气的简短笔记中[1)]，他认为，对正值参数 n，级数

$$(1)\qquad 1-\frac{x^2}{n(n+1)}+\frac{x^4}{n(n+1)(n+2)(n+3)}-\frac{x^6}{n\cdots(n+5)}+\cdots$$

对所有 x 值都收敛. 他观察到关于 $n=1, 2, 3, 4$，级数的和及其零点.

1) «全集» (*Opera Omnia*)，第1辑，第16卷，第1节，241～265页.

$n=1$：和 $\cos x$，　　　　零点 $\pm\frac{\pi}{2}$，$\pm\frac{3\pi}{2}$，$\pm\frac{5\pi}{2}$，…

$n=2$：和 $\frac{\sin x}{x}$，　　　　零点 $\pm\pi$，$\pm 2\pi$，$\pm 3\pi$，…

$n=3$：和 $\frac{2(1-\cos x)}{x^2}$，零点 $\pm 2\pi$，$\pm 4\pi$，$\pm 6\pi$，…

$n=4$：和 $\frac{6(x-\sin x)}{x^3}$，无实零点.

欧拉观察出一个差异：在前三个实例中所有零点都是实的，在最后一个实例中没有一个零点是实的. 欧拉注意到在前两个与第三个实例之间的颇为微妙的差异：对 $n=1$ 与 $n=2$，两个相邻的零点之间的距离是 π（倘若我们不管 $n=2$ 情况的相邻于原点的零点），但对 $n=3$，相邻零点间的距离是 2π（加上与上述相似的条件）. 这激起他饶有趣味的观察：$n=3$ 时，所有零点都是二重零点. "然而我们由分析得知"欧拉说，"一个方程的两个根总是在由实根到虚根的过渡中相合. 那么，我们可以弄懂为什么当 n 超过 3 时，所有零点突然变成复的."在这些观察的基础上，他阐述一个令人惊异的猜想：由级数 (1) 所定义的函数当 $0<n\leqslant 3$ 时仅有实零点，且有无穷多个，但当 $n>3$ 时，没有实零点. 在这个叙述中，他把 n 当作连续变动参数.

在欧拉时代，超越方程零点的实性问题完全是新的，我们必须承认，甚至今天我们也不具备系统的方法来解决这样的问题.（例如，我们不能证实黎曼 (Riemann) 的著名假设为真或为假.）因此，欧拉的猜想显得极其大胆. 我认为他的勇气及其叙述猜想所具有的清晰程度是令人惊叹的.

欧拉的令人钦佩的功绩还在于他所说的东西在一定程度上是可以理解的. 其他专家在处理别的课题中也做出类似的成绩，我们之中的每个人在日常生活中也会做类似的事情. 事实上，欧拉是从零星的几个细节去猜测整体的. 完全类似地，一个考古学家可以相当确切地从磨损了的石头上的零星字句中重新考证出整篇碑文. 一个古生物学家在检查了几块骨头化石之后可以相当逼真地画出整个动物.当一个你很熟悉的人以某种方式开始谈话时，他讲过几句话之后，你就会预言他打算讲的整个故事. 完全类似地，欧拉从清楚地看到的几点出发猜出了整个故事，整个数学事态.

欧拉只考虑 $n=1, 2, 3, 4$这几个实例就进行推测，这就更值得注意. 可是，我们不应该忘记间接证据可能是很强有力的. 一个被告被指控炸毁了他女朋友的父亲的游艇，并且原告拿出来一张被告签署的购买这么这么多数量炸药的收条. 这种证据大大地加强了原告的诉讼份量.为什么?因为普通市民买炸药本来就是一件不平常的事情，于是为了炸毁某件东西或炸死某个人而去买炸药就完全可以理解了. 请看，这桩官司非常类似于欧拉级数 $n=3$ 的情况. 弄清楚随意写出的方程的所有根是二重根本来是件很不平常的事. 然而从两个实根到两个复根的过渡之中出现二重根是完全可以理解的. $n=3$ 时的实例是欧拉提出来的最强有力的一件间接证据，从中我们能看出一个合情推理的一般模式:

$$\begin{array}{c} A\text{蕴含}B \\ B\text{本身很不像是可靠的} \\ B\text{真} \\ \hline A\text{极为可靠} \end{array}$$

这模式也像是对基本归纳模式（§1）的修改或深化. 现在不作特别解释，我们添加一个从反面解释相同思想的补充模式:

$$\begin{array}{c} A\text{蕴含}B \\ B\text{本身像是十分可靠的} \\ B\text{真} \\ \hline A\text{只多一点可靠} \end{array}$$

证实一个结论的价值的大小，是按这一结论本身的不可靠程度来定的. 最惊人的结论的证明是最令人叹服的.

顺便说一句，欧拉是对的: 150 年以后，他的猜想完全被证实了[1].

---

1) 见作者的论文"关于欧拉论文的超越方程"（Sopra una equazione transcendente trattata da Eulero），《意大利数学家学会会报》（*Bolletino dell' Unione Matematica Italiana*），第5卷，1926，64～68页.

§4. 类比推理

在这段里回顾一下第一卷“归纳与类比”的一些例子是有益的．我们已经在本章前几节中系统地讲过了几个合情推理模式：怎样按这些模式来看待那些例子呢？

让我们来考虑两个相关的例子(分别在第一卷的§10.1与§10.4)．其中之一与等周定理及笛卡儿有关，另一个与等周定理的物理类比及瑞利爵士有关．我们应重作第十章的两个表(在那里称为表I，表II，在这里称为表II，表III)把它们并排放着．表II(按本章编号称呼)列出十个图形的周长，每个图形有相同面积为1，表III列出相同的十个图形的主频率(看作振动薄膜)．

表 II

等积图形的周长

圆	3.55
正方形	4.00
圆的 1/4	4.03
长方形 3:2	4.08
半圆	4.10
圆的 1/6	4.21
长方形 2:1	4.24
等边三角形	4.56
长方形 3:1	4.64
等腰直角三角形	4.84

表 III

等积薄膜的主频率

圆	4.261
正方形	4.443
圆的 1/4	4.551
圆的 1/6	4.616
长方形 3:2	4.624
等边三角形	4.774
半圆	4.803
长方形 2:1	4.967
等腰直角三角形	4.967
长方形 3:1	5.736

一张表中的周长，另一张表中的主频率都按递增排列．两张表都从圆开始，在所列的十个图形之中圆有最短的周长，也有最低的主频率，这就提出两条定理：

所有给定面积的平面图形中圆有最短周长．

所有给定面积的薄膜中圆有最低主频率．

第一个命题是等周定理，第二个是著名的瑞利爵士的猜想．我们的表为两个定理提供了可靠的归纳证据，当然未予证明．

现在和我们在§10.1及§10.4考虑这些表的时候比起来，情况已发生了变化．其间我们已经看到等周定理的一个证明(§10.6—

§10.8，例 10.1～10.15）。由表 II 所归纳出来的圆的几何最小性质已被证明.自然希望由表 III 归纳出来的圆的类似的物理最小性质也应该是真的.基于这样的希望,我们得出如下一个重要的合情推理模式：

$$\frac{\begin{array}{c}A\text{ 类似于 }B\\ B\text{ 真}\end{array}}{A\text{ 更可靠}}$$

由于另一个和它类似的猜想证明为真，因而这个猜想就变得更为可信.

把这个模式应用到讨论过的情况似乎是合理的. 并且在这个情况中,还有进一步值得探索的有希望的迹象.

§5. 加深类比

并列的表 II 与表 III 似乎提供进一步启示. 所考虑的十个图形并不是严格地按相同顺序在两张表中出现. 排列顺序有其独特之处. 表 II 与表 III 的排列法显得相差不大,但这不是主要点. 表内包括各类图形：长方形，三角形，扇形. 同类图形是怎样排列的？怎样列出仅有一类图形的更短的表？这些表包括几种规则图形：等边三角形，正方形，别忘了还有圆. 怎样排列这些规则图形？我们能设法把这些不同类图形进行比较吗？譬如三角形和扇形？我们能不能把另外一些图形添到表里去以扩充归纳基础？(此处我们很受限制，计算面积与周长并不困难，主频率却难以计算，并且它的显式表达仅有很少几种是已知的.）我们终于获得表 IV.

表 IV 显示出依赖于可变平面图形形状的这两个量：周长与主频率之间的值得注意的相似性.（我们不应忘记可变平面图形的面积是固定等于 1 的.）如已知周长,就决不可能算出主频率,反之亦然. 然而,由表 IV 判断，我们会想到，在许多简单情况里,这两个量朝相同方向变化. 琢磨一下这张表的两列数据并且一行一行顺序看：如果有一列数据是递增的,那么另一列也相应地递增. 如果有一列是递减的,则另一列也相应地递减.

表 IV. 等面积图形的周长与主频率

图　　形	周　长	主频率
长方形:		
1:1(正方形)	4.00	4.443
3:2	4.08	4.624
2:1	4.24	4.967
3:1	4.64	5.736
三角形:		
60° 60° 60°	4.56	4.774
45° 45° 90°	4.84	4.967
30° 60° 90°	5.08	5.157
扇形:		
180°(半圆)	4.10	4.803
90°(1/4 圆)	4.03	4.551
60°(1/6 圆)	4.21	4.616
45°	4.44	4.755
36°	4.68	4.916
30°	4.93	5.084
规则图形:		
圆	3.55	4.261
正方形	4.00	4.443
等边三角形	4.56	4.774
三角形与扇形比较:		
三角形 60° 60° 60°	4.56	4.774
扇形 60°	4.21	4.616
三角形 45° 45° 90°	4.84	4.967
扇形 45°	4.44	4.755
三角形 30° 60° 90°	5.08	5.157
扇形 30°	4.93	5.084

我们专看长方形．如果长与宽之比从 1 增至∞，则它的形状从正方形变到无限拉长的长方形，周长与主频率似乎是不断地增加．正方形，作为一个规则图形，在所有四边形中与圆“最接近”，它有最小周长，也有最小主频率．在所列的三个三角形中，等边三角形，它是规则图形，在所有三角形中与圆“最接近”，它有最小周长，也有最小主频率．扇形的特性较为复杂，当其角度由 180° 变

到 0° 时，其周长先是减少，达到最小值，然后增大；其主频率以同样方式变化. 现在我们来观察规则图形. 等边三角形有三条对称轴，正方形有四条对称轴，而圆有无穷多条对称轴. 就我们从表 IV 能看到的，当对称轴数增加时，周长与主频率似乎都是减少的. 在表 IV 的最后一段中，我们拿每个三角形与中心角等于这三角形最小角的扇形相比，在所有三种情况里，扇形有较短的周长和较低的主频率，因而它看来是“更圆”些.

当然，关于这些规律我们所确切知道的也就是表 IV 所列的那些. 表 IV 暗示，超出所搜集的实验材料之外的情况，规律仍然存在并且是应用合情推理方法得出的，而决不是已证明过的. 因此表 IV 把我们引到几个新猜想，虽然它们与瑞利猜想相似，当然受更多的限制.

表 IV 怎样影响我们对瑞利猜想的信任呢？我们能在表 IV 中发现以前讨论表 II、表 III 过程中所未曾提及的任何推理的依据吗？

我们真的能做到. 首先，在表 IV 里颇有几个特例，其中瑞利猜想是被证实了的（30°，60°，90°的三角形，张角为 45°，36°，30°的扇形）. 并且还不止于此，等周定理与瑞利猜想之间的类比已经深化多了. 表 IV 所列的事实给类比增添了几个新的方面. 如果结论所赖以建立的类比本身变得更强有力，那么设想一个由此类比得到的结论也变得更强有力，这似乎是适当的. 因而表 IV 使瑞利猜想更强有力了.

§ 6. 被隐没的类比推理

到现在为止还有可讨论的事情. 正如我们已经看到的，表 IV 提出几个类似于瑞利猜想的猜想（但比瑞利猜想更受限制）. 表 IV 提出这些猜想，也给它们以某些似真性. 然而反过来，这情况十分合理地略把瑞利原先猜想的似真性提高了. 如果你也是这么想的，你就按下面模式来考虑：

$$\frac{\begin{array}{c}A\text{类似于}B\\B\text{更可靠}\end{array}}{A\text{稍更可靠}}$$

由于一个类似的猜想变得更可靠，一个猜想变得略为可靠．这是一个在 §4 叙述过的模式中被削弱的或被隐没的形式．

第十二章的例题和注释

1. 表 I 列出一些 §1 提到过的欧拉猜想的归纳证据，它很相似于 §1.3 的表或相似于第四章的表 I，II，及 III，或相似于用来证明欧拉的“关于数的因子和的最非凡的定律”的表，见 §6.2．这些表也相似于第三章的两个表，一个在 §3.1（多面体），另一个在 §3.12（空间的分割）．其相似程度更接近于这个表中的哪一个呢？

2. 欧拉按 $n = 1, 2, 3, 4, \cdots, 20$ 证明了他的“最非凡定律”（参看 §6.2）之后，却按 $n = 101$ 与 $n = 301$ 继续证明它．他有充分理由确定用 101 与 301 而宁愿不用 21 与 22（在他的论文的一开头就清楚地加以说明了）．不管你记得或者只是含糊地记得欧拉定律的内容，你是否愿意想一下证实 $n = 101$ 与 301 的实例会比证实 $n = 21$ 与 22 更具试验价值吗？

3. 设三角形的三条边为 a, b, c，$2p = a + b + c$ 为周长，面积为 A．

尽你所能用的各种方法来检验海伦公式

$$A^2 = p(p - a)(p - b)(p - c).$$

4. 我们考虑一个内接于圆的四边形．其四条边为 a, b, c 与 d，周长为 $2p = a + b + c + d$，面积为 A．

断言

$$A^2 = (p - a)(p - b)(p - c)(p - d).$$

尽你所能用的方法来检验它，你有什么说明的吗？

5. 设四面体体积为 V，

$$a,\ b,\ c,$$
$$e,\ f,\ g$$

为六条棱的长度；棱 a, b 与 c 共顶点，e 是 a 的对棱，f 是 b 的对棱，g 是 c 的对棱.（四面体的两条棱被相互称为对棱，如果它们无公共顶点.）棱 e, f 与 g 是四面体的一个面的三条边，这个面与棱 a, b, c 的共顶点相对. 断言

$$\begin{aligned}144V^2 = 4a^2b^2c^2 &+ (b^2 + c^2 - e^2)(c^2 + a^2 - f^2)(a^2 + b^2 \\ &- g^2) - a^2(b^2 + c^2 - e^2)^2 - b^2(c^2 + a^2 - f^2)^2 \\ &- c^2(a^2 + b^2 - g^2)^2.\end{aligned}$$

尽你所能来检验这个断言. [关于 V 的表达式对六条棱是对称的吗?]

6. 对 $n = 1, 2, 3, \cdots$，设

$$a^n + b^n + c^n = s_n,$$

并用 x 的恒等式定义 p, q 与 r

$$(x - a)(x - b)(x - c) = x^3 - px^2 + qx - r,$$

因此有

$$\begin{aligned}p &= a + b + c,\\ q &= ab + ac + bc,\\ r &= abc.\end{aligned}$$

（在通常的术语中，p, q 与 r 是 a, b 与 c 的“初等对称函数”，s_n 是“同幂和”.）显然，$p = s_1$. 断言，对 a, b 与 c 的任意值，

$$q = \frac{2s_1^5 - 5s_1^2s_3 + 3s_5}{5(s_1^3 - s_3)},$$

$$r = \frac{s_1^6 - 5s_1^3s_3 - 5s_3^2 + 9s_1s_5}{15(s_1^3 - s_3)},$$

若分母不为零. 以特例 $a = 1$, $b = 2$, $c = 3$ 及列于下表的另外三个实例检验这些公式：

实例	a	b	c
(1)	1	2	3
(2)	1	2	−3
(3)	1	2	0
(4)	1	2	−2

设计更多的检验．特别地，试推广实例 (2)，(3) 与 (4)．

7. 设 A，B_1，B_2，B_3 与 B_4 具有 § 2 中所赋予的含义．紧接证实 B_1，B_2 与 B_3 之后，证实 B_4 能给 A 提供附加的归纳证据吗？

8. 让我们回想起欧拉的"最非凡定律"，并回忆起 §6.3 所解释的缩写字 T，$C_1, C_2, C_3, \cdots, C_1^*, C_2^*, C_3^*, \cdots$ 的含义．那时欧拉未证明定理 T，但是他凭借归纳法证实了结论 $C_1, C_2, C_3, \cdots, C_{20}$，从而他支持定理 T (也许，他已做过的远不止于 C_{20})．后来他发现，$C_1^*, C_2^*, C_3^*, \cdots$ 也是 T 的结论并证实了 $C_1^*, C_2^*, \cdots, C_{20}^*, C_{101}^*$，$C_{301}^*$．由于这些新的证明，欧拉的信心大概是增强多了，但是有理由认为是增强了吗？[读者在这里需要比在例 2 中更密切地注意细节．]

9. 我们回到 §1 讨论过的欧拉猜想；为简短起见，称它为"猜想 E"．把缩写字母的含义简明地注释一下．

$$E:\ 8n + 3 = x^2 + 2p.$$

导致欧拉得到他的猜想 E 的思想值得提一下．欧拉对这些著名的数论定理做了许多工作，费马曾未加证明地叙述过这些定理．其中之一(称它为"猜想 F")是说任何整数是三个三角数之和．我们简要地注释一下这个缩写字母的含义，

$$F:\ n = \frac{x(x-1)}{2} + \frac{y(y-1)}{2} + \frac{z(z-1)}{2}.$$

欧拉注意到，如果猜想 E 为真，费马猜想 F 也容易推出．也就是说，欧拉确信 E 蕴含 F(详情看下面例 10)．欧拉决心证实费马猜想 F，他自然希望他的猜想 E 应该是真的．这仅仅是一种奢望吗？我不这样想；按下面程式，所考虑的关系式提供一些弱的但对相信欧拉猜想并非不合理的基础：

$$\begin{array}{c} E\text{ 蕴含 } F \\ F\text{ 可靠} \\ \hline E\text{ 稍微可靠} \end{array}$$

这里有了另一个合情推理模式．读者应该把它同基本归纳模式比较一下．

10. 在证实 E 蕴含 F 时(见前面例 9 中的说明)，欧拉用一个他

过去证明了的更为深刻的结果：形如 $4n+1$ 的素数是两个平方数之和.（在例 4.4 中曾用归纳法讨论过.）认为这个结果当然是对的，因而也就证实 E 确实蕴含 F.

11. 欧拉在想出他的在 §3 中所讨论过的猜想之后，他曾通过用几个 n 值计算他的级数的第一个零点去检验猜想.（所谓"第一个零点"，我们是指一个零点的绝对值是最小的. 如果 x 是所讨论的级数的第一个零点，则 $-x$ 也是一个零点，且 x 与 $-x$ 都是"第一个零点". 因此，x 是实的当且仅当 x^2 是正的.）当然，他只能近似地算出这些零点.他常用来作这种计算的一种方法(丹尼尔·伯努利方法)提供下面关于 $n=1/2, 1/3, 1/4$ 的第一个零点 x 的一系列近似值.

$n=1/2$	$n=1/3$	$n=1/4$
$4x^2 \sim 3.000$	$9x^2 \sim 4.0000$	$16x^2 \sim 5.0000$
3.281	4.2424	5.2232
3.291	4.2528	5.2302
3.304	4.2532	5.2304

在所有这三种情形里，近似值似乎是有规律地且相当快地趋于一个正的极限值，欧拉把这当作第一个零点是实值的征兆，并且因此使他的猜想得到肯定.

让我们来实现欧拉的启发式结论的一般程式.设 A 表示 §3 所解释的关于他的级数的零点的实性的猜想，设 B 表示对 $n=1/2$ 的第一个零点是实的这一事实. 显然 A 蕴含 B. 现在欧拉并不证实 B，他仅仅使 B 更可靠. 因此这里我们有下面的合情推理模式

$$\frac{\begin{array}{c}A\text{ 蕴含 }B\\ B\text{ 更可靠}\end{array}}{A\text{ 稍微更可靠}}$$

这第二个前提比基本归纳模式的第二个前提更弱. 这词"稍微"被插到这里是为了强调结论也比基本归纳模式的结论更弱.

12. 近代数学家能从前面例 11 的数据中导出比欧拉自己导出

的结论更为严格的启发式结论.可以证明,如果欧拉级数仅有实零点,用丹尼尔·伯努利方法所得到的一系列近似值必然组成为一个递增数列[1]. 设 A 表示与前面例 11 相同的猜想,但现在设 B 表示另一个叙述,即如下:"对 $n=1/2$,用丹尼尔·伯努利方法所得到的前四个近似值组成一个递增数列,并且对 $n=1/3$ 与 $n=1/4$,有同样情形."那么,已知基本归纳模式的两个前提成立

A 蕴含 B

B 真

并且所得的启发式结论是更强些.

对上述可做两点补充.

(1) 欧拉没有系统地叙述过刚才所引用的丹尼尔·伯努利方法的性质并且肯定没有证实过它. 然而很可能由于他具有使用这种方法的广泛经验,所以他已经有了某些关于这方面的归纳知识. 因此,欧拉虽然没有明显地引出近代数学家的结论,但他却有这一方法的一种不太清晰的形式. 而且就其丰富的数学经验而论,他大概还有他既未能完全系统地叙述出来留给后世而我们今天也不可能弄清楚的别的某种暗示方法.

(2) 例 11 所引用的数据导致作者相信上述引文中所证明的一般性定理. 这是一个小的但却是把归纳法应用到数学研究中的具体例子.

13. 在第四章我们归纳地研究了四个奇数平方和;参看 §4.3~§4.6 表 I. 其后我们处理了包括四个任意数平方和与八个数平方和的类似问题;参看例 4.10~4.23 及表 II、III. 对前者的研究确实帮助我们去认识关于后面情况的规律. 我们能够由于前者的研究结果而提高了对后者的研究结果的信任吗?

14. 经无数的徒劳努力而后所得出的归纳结论. 用直尺和圆规画出与给定半径的圆等面积的正方形的边. 这是古希腊人所想出来的著名的圆积法问题的严格叙述.在中世纪,人们并没有把这

---

1) 看作者论文"关于幂级数的注记"(Remarks on power series),《数学科学学报》(*Acta Scientiarum Mathematicarum*), V. 12B, 1950, 199~203 页.

个问题给忘记了，虽然我们不能相信那时会有许多人懂得它的严格叙述；但丁（Dante）在《神曲》的高潮，接近这诗篇的末尾提到这个问题. 当法国科学院做出决议不再审阅圆积法问题的稿件时，这问题就已经有两千年左右的历史了.是科学院眼界太狭窄吗?我不这样认为；在成千人作了几千年的徒劳努力之后就有理由怀疑这问题是不可解的.

如果想使你放弃你已经反复作过多次努力尚未攻克的题目，只有一种办法，就是把你强拖开；如果你很固执，或者已深深地陷入一个问题，你只能在作了很多并且很大的努力之后才肯罢手；如果你只是随便地做做，并未严肃地关心某个问题，也许只要经过几次随便的试验之后就会放手. 然而在上述任何情况中都有一种归纳结论. 你心中得出的猜想是:

A. 做这件工作是不可能的.

你注意到:

B. 我甚至不能做这件工作.

本质上，这真是很不相同的. 然而确实

$$A\text{蕴含}B$$

因而你对 B 的观察按基本归纳模式来看使 A 更可靠.

严格地叙述的求与圆等积的正方形的不可实现性，在厄米特（Hermite）的基础工作之后于 1882 年被林德曼（Lindemann）所证实，从古希腊至今还有许多其它类似问题(三等分角和倍立方体)，在积累了徒劳努力之后，最终被证明是不可解的. 在设计“永动机”的徒劳努力之后，物理学家们系统地叙述了“永动的不可能性原理”，并且这条原理证明是极其有益的.

第十三章　更多的模式与最重要的连接

当我们已经直观地弄懂了几个简单的定理的时候…，如果能通过连续的不间断的思考活动，把这几个定理贯穿起来，悟出它们之间的相互关系，并能同时尽可能多地、明确地想像出其中的几个，那将是很有益的．照这样我们的知识无疑地会增加，理解能力会有显著的提高．

——笛卡儿[1]

§1．审定一个结论

考虑一种在数学研究中常常发生的情况．我们希望判定一个被清楚地叙述的数学命题 A 是真还是假．也许，有些直觉使人相信 A 是真的，但这还不够：我们希望能证实 A 为真或为假．我们研究这个问题但是未取得决定性的成功．过了一会儿我们注意到 A 的结论 B，这个 B 是一个熟知的由公式清楚表达的数学定理，它由 A 得之：

$$A \text{ 蕴含 } B.$$

我们仍然不知道 B 是真还是假．现在似乎是 B 比 A 更容易求证；由于某种原因我们有用 B 比用 A 好的印象．因此，我们转而去审查 B，并着手解答问题：B 是真还是假？最终我们成功地解答了这个问题．这个解答将会如何影响我们对 A 的信任呢？

那要看解答了．如果我们得知 B 是假，并且这个 B 是 A 的结论，就能确实推知 A 必定也是假的．然而，如果得知 B 为真，则不

---

1) 他的关于思维方向的第十一条规则．(The eleventh of his Rules for the Direction of the Mind.) 见《全集》(*Oeuvres*)，由 Adam and Tannery 发行．第 10 卷，1908，407 页．

存在这种论证推理：虽然它的结论 B 是真的，A 本身还可能是假的。可是有一个启发推理：由于它的结论 B 是真的，A 本身似乎该更可信些。依照我们关于 B 的认识，得出一个论证的或启发的模式：

论证的	启发的
A 蕴含 B	A 蕴含 B
B 假	B 真
A 假	A 更可靠

我们已经在 §12.1 遇见过这些模式，在那里把启发模式称为基本归纳模式。在下节中我们将遇见类似的但却不同的模式。

§2. 审定可能的依据

考虑另外一种在数学研究中常发生的情况。我们希望判定叙述得很清楚的命题 A 是真还是假。希望证实它为真或为假。在作过一些非决定性的工作之后，我们发现另一个命题 B，并且 A 由 B 推出。不知道 B 是真还是假，但已经证明

$$B \text{ 蕴含 } A.$$

那么，如果我们能证实 B，所希望求的 A 即可推得；B 是一个用来证实 A 的可能的依据。我们会对 A 表示厌倦，或者 B 对我们会显得比 A 更有希望。由于某种理由或别的什么原因我们转而去审定 B。现在我们的目标是证实 B 为真或为假。最终我们成功了。关于 B 的结果怎样影响我们对 A 的信赖呢？

那要看结果的特性了。如果得知 B 为真，我们就能断定被 B 所蕴含的 A（由 B 推出，是 B 的结论）也为真。可是，如果得知 B 为假，那就没有论证结论：A 还可能为真。但是我们不得不放弃证实 A 的可能的依据，我们失掉了一个证实 A 的机会，由 B 证实 A 的希望破灭了：由于已证实 B 为假，如果对 A 的信任有任何改变，那也只能变坏。简而言之，按照关于 B 的结论的特性，我们列出下面论证的或启发的模式：

论证的　　　　　　　　启发的

$$\frac{\begin{array}{c}B\text{ 蕴含 }A\\ B\text{ 真}\end{array}}{A\text{ 真}}\qquad\qquad \frac{\begin{array}{c}B\text{ 蕴含 }A\\ B\text{ 假}\end{array}}{A\text{ 较不可靠}}$$

可以看到，第一个前提在两个模式中是相同的，第二个前提正相反，而结论虽不能说是相隔很远但也是对立的.

论证推理来自一个古典模式，所谓三段论法的"肯定式". 启发模式类似于但不同于基本归纳模式，见 §1 或 §12.1. 我们可以用这样的几句话来说明启发推理：在作为猜想的可能依据被推翻时，我们对猜想的信任程度只能减小.

§3. 审定相抵触的猜想

考虑一种在数学研究中不多见但常发生在自然科学中的情况. 我们要审定两个相抵触的，不相容的猜想 A 与 B. 当我们说 A 与 B 相抵触或

A 与 B 是不相容的，

我们的意思是指两个命题 A 与 B 之一为真必然蕴含着另一个为假. 于是，A 可以为真或为假，B 也可以为真或为假；我们不知道到底哪个为真哪个为假，只知道两个不能都是真的. 可是两个可以都是假的. 一个博物学家提出一个猜想 A 去解释某种现象，另一个博物学家提出一个不同的猜想 B 去解释同一现象. 两个解释是互不相容的；这两个博物学家不能都对，但可以都错.

假使猜想之一，譬如说 B 已被证实是对的，那么另一个的命运也肯定是清楚的：A 必是错的. 然而，倘若 B 被证实是错的，A 的命运还是不能肯定：A 也可以是错的. 但是无可否认地，按照同 A 不相容的对抗猜想被证实为错，则 A 只能得胜(发明 A 的博物学家无疑是这样想的). 因此，我们又有两种模式：

论证的　　　　　　　　启发的

$$\frac{\begin{array}{c}A\text{ 与 }B\text{ 不相容}\\ B\text{ 真}\end{array}}{A\text{ 假}}\qquad\qquad \frac{\begin{array}{c}A\text{ 与 }B\text{ 不相容}\\ B\text{ 假}\end{array}}{A\text{ 更可靠}}$$

当一个不相容的对抗猜想被推翻时，我们对原猜想的信赖只能增加．

§4. 逻辑术语

在前面三节我们看到了三对模式；每对由一个论证模式与一个启发模式所组成；三个论证模式彼此相关，对应的三个启发模式似乎相应地相关．论证模式之间的关系纯系形式逻辑关系．下一节我们将试图澄清启发模式之间的关系．这一节讨论几个简单的形式逻辑术语[1]用来为下一节作好准备．

(1) 术语“命题”可以在更一般的意义上去理解，但在大多数情形里考虑某些清楚叙述的、现时我们尚不知其是真还是假的数学命题，这术语是足够的甚至是方便的．(对更高级的读者而言一个这样命题的好例子是著名的“黎曼假设”：黎曼的 ζ 函数仅有实零点．尽管有许多出色的数学家的努力，我们仍然不知道这命题是真还是假．)我们将用大写字母 A，B，C，…指明命题．

(2) 命题 A 的“否定”是一个命题，它为真，当且仅当 A 为假．我们以“非 A”表示 A 的否定．

(3) 两种说法“A 为假”与“非 A 为真”完全相同．在任何上下文中能用一个去代替另一个而不改变整个命题的真或假的含义．能够被互相代替的说法在术语上称为“等价”．那末，“A 为假”的说法等价于“非 A 为真”．把这记成缩写形式是方便的：

“A 假”等价于“非 A 真”．

以下说法也是对的：

“A 真”等价于“非 A 假”．

“非 A 真”等价于“A 假”，

“非 A 假”等价于“A 真”．

(4) 如果两个命题不同时是真的，我们说两个命题 A 与 B 是

---

1) 在此我们用的是“旧式”的形式(用普通语言并尽可能避免用逻辑符号)但却用一点近代思想来讨论形式逻辑．一些更简单的逻辑符号将在后面偶尔用到，特别是在 §7．

"彼此不相容的". 命题 A 能为真或为假, B 能为真或为假; 如果把 A 与 B 联系起来考虑,就能出现四种不同情况:

A 真, B 真　　A 真, B 假

A 假, B 真　　A 假, B 假.

如果我们说 A 与 B 不相容, 是指这四种情况中的第一种(左上角)被排除. 不相容性总是相互的. 因此,

"A 与 B 不相容" 等价于 "B 与 A 不相容".

(5) 我们说 A 蕴含 B (或 B 被 A 所蕴含,或 B 由 A 推出,或 B 是 A 的结论, 等等). 如果 A 与非 B 是不相容的. 那末蕴含概念的特征与下述等价:

"A 蕴含 B" 等价于 "A 与非 B 不相容".

熟悉 A 蕴含 B 是重要的. 现时我们不知道 A 是真还是假, 对 B 也一无所知. 然而,倘若一旦弄清楚 A 为真,我们将立刻得知非 B 必假因而 B 必真.

我们知道

"A 与非 B 不相容" 等价于 "非 B 与 A 不相容".

我们也知道

"非 B 与 A 不相容"等价于"非 B 蕴含非 A".

由这一连串三个等价关系断言:

"A 蕴含 B"等价于"非 B 蕴含非 A". 这最后一个等价关系本身是十分重要的,并且对下面的讨论是不可缺少的.

(6) 这节所讨论的几条形式逻辑已经使我们能澄清前三节所碰到的论证模式之间的关系.

让我从 §1 所述的论证模式("否定式")开始吧:

$$\frac{\begin{array}{c}A\text{ 蕴含 }B\\ B\text{ 假}\end{array}}{A\text{ 假}}$$

人们懂得这个模式是可以广泛应用的. 我们拿非 A 代替 A, 非 B 代替 B 来应用这一模式得到

$$\frac{\begin{array}{c}\text{非}A\text{蕴含非}B\\ \text{非}B\text{为假}\end{array}}{\text{非}A\text{为假}}$$

可是,我们在前面已经看到

"非 A 蕴含非 B" 等价于"B 蕴含 A"

"非 B 假" 等价于" B 真"

"非 A 假" 等价于"A 真"

我们拿这里所列的三个相应的等价表达式去代换最后一个所考虑的模式的前提与结论得到:

$$\frac{\begin{array}{c}B\text{蕴含}A\\ B\text{真}\end{array}}{A\text{真}}$$

此即 §2 的论证模式,"肯定式".

我们把由 §1 的论证模式到 §3 的论证模式的类似的推导留给读者.

§5. 合情推理各模式之间的逻辑连接

上一节的讨论只是作准备. 我们讨论的目的不是为那几条古典论证逻辑本身,而是为了我们自己做准备去研究合情推理. 我们考虑从"否定式"导出"肯定式"不是为了寄予提出关于如此古老问题的新的令人惊奇的东西的一些虚求,而是作为下述问题的准备: 我们能借助于纯粹形式逻辑从 §1 的启发模式导出 §2 的启发模式吗?

不,显然,我们不能. 事实上,这些模式包括"A 变得更可靠"或"A 变得更不可靠"这样一些说法. 虽然每人都懂得这些说法的意思是什么,但坚持不渝的形式逻辑学家却不愿去了解这种说法,并且他还是对的. 纯粹形式逻辑学中没有这种说法,并且也没有处理这种说法的方式方法.

然而,我们要用适当的方法扩展形式逻辑学的范围. 似乎是要给形式逻辑的古典内容加上下面的等价关系:"非 A 变得更可靠"等价于"A 变得较不可靠". 简写为

“非A更可靠”等价于“A较不可靠”.

添了这一条，我们便得到一个有用的工具. 那么我们就能使§4（6）的程序适应现在的目的，并如下继续做下去. 现在从§1给出的基本归纳模式开始. 我们把这个模式应用到非A与非B上去以代换A与B，亦即我们在这模式中以非A换A，以非B换B. 然后应用三个等价关系；其中两个纯粹是逻辑等价关系（顺便提一句，这在前面§4讨论过）而第三个是本节所引入的真正新的等价关系. 按这些步骤最终我们得到了§2所给出的启发模式.

我们把详细地写下这个推导并按同样方法从§1的基本归纳模式导出§3的启发模式的工作留给读者.

§6. 被隐没的推理

在我看来数学领域里的归纳推理研究起来要比物理领域里的来得容易些. 其理由是十分简单的. 问一个数学问题，你可以期望得到一个完全明白的答复，完全清楚的“是”或“不”. 在提一个关于自然界的问题时，你不能期望得到一个不留余地的答复. 你预报某某时刻将开始月食（阴影将凹进月盘）. 你精确地观察到的遮蔽开始时刻比你预报的晚4分钟. 按古希腊天文学标准来衡量，也许你的预报可以算是惊人的准确，但按照近代标准那却是惊人的不准确. 预报与观察之间的这种不相符有的可以认可，有的则是不能接受的. 这种解释方法依赖于一类合情推理. 在“物理情况”中，这种困难的开始要比在“数学情况”中早一步. 我们试着把这种差异写成最简单的表达式.

假定我们打算通过审查一个数学猜想的结论去研究这个猜想. 设A表示猜想，B为A的结论之一，所以A蕴含B. 我们现在要对B作出最后的判定：我们要证实B为假或为真，相应地，我们面对着下面两种情况的一个或另一个：

$$\begin{array}{c}A\text{ 蕴含 }B\\ B\text{ 假}\\ \hline\end{array}\qquad\qquad\begin{array}{c}A\text{ 蕴含 }B\\ B\text{ 真}\\ \hline\end{array}$$

我们将称这些为“数学情况”. 我们已经再三地考虑过这些了，并且我们知道能从每个“数学情况”中引出什么合理结论来.

现在假定我们要研究一个物理猜想 A，并且通过试验方法找出它的一个结论 B，我们不能得到一个关于 B 的绝对判定；然而我们的试验可以表明 B，或它的反命题，是很难令人相信的. 相应地，我们面对下面两种情况的一个或另一个：

$$\frac{\begin{array}{c}A\text{ 蕴含 }B\\ B\text{ 几乎没有可靠性}\end{array}}{\quad}\qquad\qquad\frac{\begin{array}{c}A\text{ 蕴含 }B\\ B\text{ 几乎是可信的}\end{array}}{\quad}$$

我们称这些为“物理情况”. 在这些情况中什么结论是合理的？（横线即“因此”一词，横线下的空白处表示未决定问题.）

在所考虑的四种情况的每一种之中，我们有两个据以判断的资料或前提. 在所有四种情况之中第一个前提都是相同的；在这些情况间的所有差别要看第二个前提而定. 在“数学情况”里第二个前提属于纯粹形式逻辑问题，但是在“物理情况”里它却处于模糊得多的地步. 对我来说，这种差异似乎是本质的；它可以说明物理情况的附加困难.

正如笛卡儿喜欢说的那样（见本章开头的引用语）我们要“不间断地连续思考”考察四种情况. 想像我们对 B 的信赖逐渐改变了，是“连续地”改变. 我们想像 B 变得较不可靠，然后更不可靠，几乎不可信，最终变为假的. 另一方面，我们想像 B 变得较可靠，然后还更加可靠，差不多是真的，最后变为真的. 如果我们的结论的可信程度连续地改变是同对 B 的信赖的程度的改变方向一样，那么就有一点儿疑问，既然两个最终情况（B 假，B 真）是清楚的，那么我们的结论该是什么就没有什么疑问了. 照这样我们得到下面的模式：

$$\frac{\begin{array}{c}A\text{ 蕴含 }B\\ B\text{ 较不可靠}\end{array}}{A\text{ 较不可靠}}\qquad\qquad\frac{\begin{array}{c}A\text{ 蕴含 }B\\ B\text{ 更可靠}\end{array}}{A\text{ 稍微更可靠}}$$

第二个模式里插进“稍微”一词是为了使我们记起结论当然要比基本归纳模式更弱. 我们对猜想的信任是受我们对它的一个结论的信任的影响并朝同一个方向变化. 我们将称这些模式为被隐没的；

第一个是被隐没的论证模式，第二个是基本归纳模式的被隐没的说法．术语“被隐没的”是打算指明第二个前提的削弱：“较不可靠”代替“假”,“更可靠”代替“真”．我们已经按这个意思把这术语用在 §12.6 了．

借助于削弱第二个前提,我们得到了被隐没的模式,是刚才从它们的最终情况即“否定式”与 §1 讨论过的基本归纳模式引进来的．同样地我们能从 §2、§3 所叙述的模式中得到其他被隐没的模式．在此我们只讲一个（全部列在下一节）．§3 的启发模式提供下面被隐没的模式:

$$\frac{\begin{array}{c}A\text{与}B\text{不相容}\\ B\text{较不可靠}\end{array}}{A\text{稍更可靠}}$$

§7. 一张表格

为了简明地列出本章讨论过的模式表，用一些缩写将是方便的．我们写

$$\begin{array}{lll} A\to B & \text{表示} & A\text{蕴含}B, \\ A\leftarrow B & \text{表示} & B\text{蕴含}A, \\ A|B & \text{表示} & A\text{与}B\text{不相容}. \end{array}$$

所引入的符号是一些作者研究符号逻辑[1]时应用过的．用这种标法,两个公式

$$A\to B,\quad B\leftarrow A$$

正好等价,公式

$$A|B,\quad B|A$$

也一样．我们同样将把“可靠”缩写为“cr.”,“稍微”缩写为“s.”见表 I.

1) D. 希尔伯特与 W. 阿克曼,《理论逻辑要点》(D. Hilbert and W. Ackerman, *Grundzüge der theoretischen Logik*).

表 I

	(1) 论证的	(2) 被隐没的 论证的	(3) 被隐没的 归纳的	(4) 归纳的
1. 审定结论	$A\to B$	$A\to B$	$A\to B$	$A\to B$
	B假	B较不 cr.	B更 cr.	B真
	A假	A较不 cr.	As. 更 cr.	A 更 cr.
2. 审定可能的依据	$A\leftarrow B$	$A\leftarrow B$	$A\leftarrow B$	$A\leftarrow B$
	B真	B更 cr.	B较不cr.	B假
	A真	A更 cr.	As. 较不 cr.	A较不 cr.
3. 审定不相容的猜想	$A\|B$	$A\|B$	$A\|B$	$A\|B$
	B真	B更 cr.	B较不 cr.	B假
	A假	A较不 cr.	As. 更 cr.	A更 cr.

§8. 简单模式的组合

下面情况容易出现在数学研究之中．我们研究定理 A．这个定理 A 被清楚地表达了，但是我们不知道它是真是假并希望发现它是真还是假．过了一会儿我们想出一个可能的依据：我们看到 A 能从另一个定理 H 导出

$$H\text{蕴含}A$$

从而我们试图证实 H．我们没能证实 H，但是我们注意到它的一个结论 B 是真的．情况是：

$$\begin{array}{c}H\text{蕴含}A\\H\text{蕴含}B\\B\text{真}\\\hline\end{array}$$

由这些前提能有一个关于 A 的合理的结论吗？

是有一个，我想，我们甚至能藉前节所考虑过的两个模式的组合而得到它．实际上，基本归纳模式提供：

$$\begin{array}{c}H\text{蕴含}B\\B\text{真}\\\hline H\text{更可靠}\end{array}$$

在得到这个结论的过程中，我们仅用了三个前提中的两个．我们再把没用过的第三个前提同刚才所得到的结论组合起来；被隐没的模式之一(在 §7 表 I 的第二行与第二列交叉处)提供：

$$\frac{\begin{array}{c}H\text{蕴含}A\\ H\text{更可靠}\end{array}}{A\text{更可靠}}$$

结论本身是(因为它应该是)相当明显的：A的可能的依据H的结论B的证明给定理A本身带来了一些信任.

§9. 关于类比推理

上节所讨论的情况可以被解释为本章所讨论的模式与合情推理的最著名模式之一之间的连接：由类比得出结论.

我认为完全用有限的形式逻辑术语去解释类比的概念是不可能的；无论如何，我不存奢望去那样解释它. 正如在前面 §2.4 讨论过的，类比与进行思考的人的相似概念和意向有关. 譬如你看到两个事物之间（或者，宁可说是两组事物之间）的某种相似性并有意地把这种相似归纳为明确的概念，就说你是在进行类比推想.

例如，你看到两个定理A与B之间的某种相似；你观察到某些共同点. 你想，也许有一天会想像出一个更广泛的定理H，它具有所有本质性的共同点，并且A与B两者自然地都可以由它导出来. 如果你这样想，你就开始在进行类比设想[1].

总而言之，让我们把两个定理A与B的类比看作意在发现一个共同依据H，A与B两者都可以由它引出：

$$H\text{蕴含}A,\qquad H\text{蕴含}B.$$

不能忘记我们并没有H；我们只是希望有这样一个H.

现在我们成功地证实了两个类比定理之一，譬如说B吧. 这个结果是怎样影响我们对另一个定理的信任的呢？这种情况与前面 §8 所考虑的情况有共同之处. 于是我们达到以组合模式表达的推理结论

$$\frac{\begin{array}{c}H\text{蕴含}A\\ H\text{蕴含}B\\ B\text{真}\end{array}}{A\text{更可靠}}$$

1）所以，在 §12.4 里互相比较过的等周定理与瑞利猜想可以提示出共同综合化概念.

当然，还有重大差别，现在我们还没有 H，我们只是期望有一个 H。然而，一旦有了这个条件，我们就能把两个前提

H蕴含A

H蕴含B

看作等价于一个

A类似于 B.

用这一个前提去换上面组合模式中的那两个前提我们得到第一次列在 §12.4 中的合情推理的基本模式

$$\frac{\begin{array}{c}A\text{类似于}B\\ B\text{真}\end{array}}{A\text{更可靠}}$$

§ 10. 条件推理

我们再回到基本归纳模式上来. 那是我们所介绍的第一个模式并且是合情推理的最著名的形式. 它关系到猜想结论的证明以及导致我们的意见的改变.它讲了一些关于这种改变的方向;这种证明只会增强我们对猜想的信赖. 它没有讲改变的量的大小，信赖的增强可大可小. 实际上,可以是异常之大或者是可笑地小.

本节的目的在于清楚地阐明这种重要差异所依赖的条件. 我们从回想四个例子 (§12.3) 之一开始.

一个被告被指控炸毁了他的女朋友的父亲的游艇并且原告拿出一张由被告签署的承认买这么这么多量的炸药的收条.

对被告的证据显得很强. 为什么说是很强呢? 让我们强调诉讼的概貌. 两条讼词起主要作用.

A: 被告炸毁了游艇.

B: 被告获得了炸药.

在诉讼程序开始时,法院必须把 A 当作猜想. 原告回答陪审员说 A 更可靠,被告答辩说 A 不可靠.

在诉讼程序开始时 B 也必须被当作猜想. 在法庭上出示过收条以后(签字的真实性使被告无法辩解) B 必须被当作已证实的事

实.

然而，A 与 B 之间的确实关系从一开始就应该是清楚的.

没有 B 的 A 是不可能的. 假如被告炸毁了游艇，他就得有些炸药. 他必须设法弄到这些炸药：去买，去偷，有人送，继承遗产或用别的办法. 即有

$$A\text{蕴含 }B.$$

没有 A 的 B 不是不可能的，然而从一开头就必定显得极不可能有这种情况. 对普通居民而言买炸药无论如何是一桩很不平常的事. 买炸药而没有企图去炸毁某物或炸死某人那是胡扯. 容易怀疑被告是出于很强烈的感情冲动和财政理由去炸毁那艘游艇. 难于怀疑买炸药除去想炸毁游艇之外还有什么别的目的. 于是，正如我们说过的，没有 A 的 B 似乎是极不可能的.

我们来抓住情况的重要之处：**面对这个事件，我们是在 A 为非真的假设条件之下来检验 B 的可靠性的**. 我们将这个清楚的但是冗长的描述缩写为“没有 A 的 B 的可靠性”. 于是，我们能说：

$$\text{没有 }A\text{ 的 }B\text{ 几乎不可靠.}$$

现在，我们能看到基本前提与以它的说服力使我们得到深刻印象的合情推理的整个模式：

$$\frac{\begin{array}{c}A\text{蕴含}B\\ \text{没有 }A\text{ 的 }B\text{ 几乎不可信}\\ B\text{ 真}\end{array}}{A\text{ 极为可靠}}$$

为了更好地理解，让我们来想像情况的重要之处，即没有 A 的 B 的可靠性是逐渐地变化，是在它的两个极端情况之间连续地进行变化的.

A 蕴含 B，如果相反地，B 也蕴含 A，因此 A 与 B 互相蕴含. 没有 A 的 B 可靠性达到最小程度，是零. 在这种情况里，如果 B 为真，A 也为真，因此 A 的可靠性达到最大程度.

A 蕴含 B. 那就是说当 A 为真，B 也为真. 如果没有 A 的 B 可靠性趋于它的最大程度，当 A 为假时，B 也几乎是肯定的. 因而，B 几乎总是肯定的. 每当发生一个事件，事先总会有些兆头，

只是由于我们没有得到更多的新信息因而也不可能引出惊人的结论.(例如,买一个面包就不能像买炸药那样强有力地提供一件案情证据.)

正如在 §6 所说的，我们假定当影响因素，即无 A 的 B 的可靠性沿原方向继续变化，而结论的可信强度也沿原方向继续变化.这时，没有 A 的 B 的可靠性与结论的可信强度这两个必定朝相反方向变化，因此我们就得到了基本归纳模式的结论强度的重要条件:

$$\frac{\begin{array}{c}A\text{蕴含}B\\ B\text{真}\end{array}}{A\text{更可靠}}$$

结论的可信强度是随着没有 A 的 B 的可靠性减少而增加.

我们把两种最终情况并列起来:

$$\frac{\begin{array}{c}\left\{\begin{array}{l}A\text{蕴含}B\\ \text{没有}A\text{的}B\text{几乎不可靠}\end{array}\right.\\ B\text{真}\end{array}}{A\text{极为可靠}} \qquad \frac{\begin{array}{c}\left\{\begin{array}{l}A\text{蕴含}B\\ B\text{几乎总是可靠}\end{array}\right.\\ B\text{真}\end{array}}{A\text{微乎其微地多一点可靠}}$$

头两个前提用括弧括起来是表示第二个被看作是对第一个的限制. A 蕴含 B 是基本归纳模式的第一个前提. 在此我们对这个前提进行了限定；添加了一个确定结论强度的重要修正. 为了作比较,我们来回忆一下本章的 §6，通过向另一个方向,即减弱模式的第二个前提的方向,来修改基本归纳模式.

§ 11. 关于连续证明

我们已经证实了某个猜想的 n 个结论 $B_1, B_2, \cdots, B_n$. 现在继续证明下一个结论 B_{n+1}，经过试验我们发现 B_{n+1} 也为真. 这个另加的证据使我们对 A 的信赖产生什么影响呢？当然，

$$\frac{\begin{array}{c}A\text{蕴含}B_{n+1}\\ B_{n+1}\text{为真}\end{array}}{A\text{更可靠}}$$

可是结论有多强呢？那要看没有 A 的 B_{n+1} 的可靠程度了，正如我们在前一节看到的那样.

现在，甚至在假设 A 为非真的条件下来证实 B_{n+1} 之前，我们就已有充分理由相信 B_{n+1}. 我们预先知道 $B_1, B_2, \cdots, B_n$ 为真。倘若 B_{n+1} 十分类似于 $B_1, B_2, \cdots, B_n$，我们就可以类推，预知 B_{n+1} 也将为真. 倘若 B_{n+1} 与 $B_1, B_2, \cdots, B_n$ 很不相同，如此类推就不能证实 B_{n+1}，并且也没有多少理由相信没有 A 的 B_{n+1}. 因此，当新证实的结论同先前证实的结论相比其相似程度减少时由另加的证明得到的另加的信赖强度就增加.

这表达了本质上同 §12.2 所叙述的补充模式相同的事情，但是也许稍好一点. 事实上，我们可以把清楚的类比陈述看作一种提高.

§12. 关于对抗猜想

如果有两个不同的猜想，A 与 B，其目的在于解释同一个现象，即使未证明它们在逻辑上是不相容的，我们也可以把它们看作彼此是对立的. 猜想 A 与 B 可以是相容的，也可以是不相容的，但其中之一有使另一个成为多余的倾向. 这是十足的对抗，因而我们把 A 与 B 看作对抗猜想.

有这样一些情况，在这些情况中我们所处理的对抗猜想几乎恰像它们是不相容的一样. 例如，有两个猜想 A 与 B，但是，尽管作了些努力，我们想不出有能解释同一个现象的第三个猜想；那么，两个猜想 A 与 B 中的每一个是另一个的"唯一明显对抗的"猜想. 简短的举例解释可以澄清术语的含义.

我们说 A 是追溯到牛顿的光的粒子说，B 是惠更斯(Huyghens)发明的光的波动说. 我们也来想像一下在牛顿与惠更斯时代之后但在杨 (Young) 与福莱奈尔 (Fresnel) 时代之前讨论这些事情，事实上在那时这些理论的许多无结论的讨论已经在进行了. 没有一个人曾证明过或者曾企图证明这两种理论是逻辑上不相容的，更不用说去证明在逻辑上这两种学说是解释光的本质所仅可能有的学说了. 虽然物理学家们有充分机会去发明这种理论，可是还没有过别的有卓越见解的理论：每种理论与另一种是唯一明显相对抗的．因此看来任何对两种对抗的理论之一的不利陈述容易被解释为对另一种的辩护．

一般说来，对抗猜想之间的关系与任何其他种类的竞争的敌手之间的关系相类似．如果你争夺奖赏，你的对手当中任意一个地位的削弱都意味着你的地位的一些加强．你的许多无足轻重的对手之一的些微挫折不会使你赢得许多．如果对你构成危险的对手遭到了这样的挫折，则你会赢得更多．如果你的最危险的对手退出竞赛那你赢得的还要多．如果有唯一的明显对手，那他的地位的任何削弱或加强会可观地影响你的地位．类似的事情发生在竞争的猜想之间．就有一个合情推理的模式，我们想把它稍微更明确地列在表 II 内．

表 II

A与B不相容 B假 ――――― A更可靠	A与B不相容 B较不可靠 ――――― A稍更可靠
A与B相对抗 B假 ――――― A稍多一点可靠	A与B相对抗 B较不可靠 ――――― A微乎其微地多了一点可靠

表 II 的排列几乎是自明的．这表包括排成两行两列的四个模式．第一行包括两个已经考虑过的模式；见 §3，§6 末尾以及表 I 的最后一行．从第一行向第二行过渡，我们削弱第一个前提；事实上我们是用了一个稍微松散的关系——然而，这关系在练习中有某种意义——去代替A与B之间的形式逻辑上清楚的关系．第一个前提的这种削弱使得结论相应地更弱，正如文字表达式所试图表示的意义．由第一列过渡到第二列我们削弱了第二个前提，它使结论相应地更弱．右下角的模式因为没有使它在论证逻辑上会有意义的前提，所以它的结论是最弱的．

需要强调一下的是，文字表达有时容易使人产生误解．事实上，给“可靠”加上（“稍微”，“一点儿”，“微乎其微”）的说明程度的形容词，都不应该被理解为**绝对的**，只是**相对的**．当我们从一行转到另一行，或从一列转到另一列的时候，它们只指出强度上的改变，如果确信猜想 A 再没有别的比 B 更危险的对手的话，那么这个确信就是一个足够有力的确信，甚至四个模式中最弱的也会提供一个有力的结论．事实上，这个模式在下一章将会起某种作用．

§13. 关于法庭证据

法庭借以作出判决的推理可以同博物学家证明其归纳所用的推理相比较．这种比较已经被提出来了并且由法律程序方面的权威们讨论过[1]．让我们通过一个例子开始讨论这有趣的论点．

(1) 营业很晚的大众餐厅的经理回到他郊区家里通常恰好是后半夜．当他离开汽车去开车库门的时候，他被两个蒙面人拦住并被抢劫了．警察搜查了房子并在受害者的前院发现一块深灰色布片；这布片也许是一个拦路贼用来蒙面的．警察讯问了附近镇子里的几个人，被讯问者之一有一件大衣，大衣衬里有一个大洞．但是别处毫无破损．在受害者前院找到的拦路贼的布片的布料同衬里的一样而且大小跟那个洞完全合适．有大衣的人被拘留了并蒙受参与拦劫之嫌．

(2) 我们之中的许多人会认为这样一个嫌疑案已经为有关事实所证实．．但是为什么？构成这种想法的基础是什么？

嫌疑不等于是事实的说明，只是怀疑，即一个**猜想**的表达：

A．有大衣的人参与拦劫．

然而，这样一个公认的嫌疑不应该是无缘无故的猜想，而是为有关的事实所证实的．猜想 A 为事实所证实．

B．在受害者前院所发现的拦路贼的布片的布料同被告的大衣衬里一样，大小同他的大衣衬里的洞完全适合．

可是为什么我们把 B 当作 A 的证明呢？不应忘记 A 只是一个猜想：它能为真或为假．如果我们希望公正地行事，就必须谨慎地考虑两种可能性．

如果 A 为真，B 是很容易理解的：我们可以想像一个急需假

1) J. H. 威格摩，《法庭证据原则》(J. H. Wigmore *The principles of judicial proof*), Boston, 1913, 见9～12，15～17页．

面具而手头又没有更合适的布料的人，会从他的大衣衬里上割下一块来．在作案之后怆惶逃走，就会丢失他的面具．或者他一惊慌甚至会把他的面具扔在那里，而不就此把它装在口袋里再把它扔到较安全的地方去．简而言之，带有 A 的 B 似乎容易使人相信．

然而，如果 A 非真，B 就显得费解了．如果这人没有参与拦劫或别的什么非法活动，那么他又为什么要从衬里割下一大块而损坏他的好端端的一件大衣呢？又为什么那块大衣衬里偏偏出现在蒙面强盗进行抢劫的地方？当然，这可能是由于巧合，但是这样的巧合是难以置信的．简而言之，没有 A 的 B 是很难令人相信的．

因此，我们看到，导致对有大衣人的嫌疑结论有如下模式：

$$\frac{\begin{cases}\text{带有 } A \text{ 的 } B \text{ 很可信}\\ \text{没有 } A \text{ 的 } B \text{ 几乎不可信}\end{cases}\\ B \text{ 真}}{A \text{ 更可信}}$$

可是这个合情推理的模式显然与已经在前面（在 §10）讨论过的另一个合情推理模式有关系：

$$\frac{A \text{ 蕴含 } B\\ \text{没有 } A \text{ 的 } B \text{ 几乎不可靠}}{A \text{ 非常可靠}}$$

两个模式间的差别出现在一开始．前提

带有 A 的 B 很可靠

是相似于，但弱于前提

A 蕴含 B.

事实上，这个前提也可以说成“带有 A 的 B 为真”．那么，前一个模式（刚被发现的）看作后一个模式（在 §10 介绍过的）的一种“弱的形式”因而终于看作基本归纳模式（在 §12.1 讲过）的一个修正．

把我们引导到新模式的公式的事实是十分简单的．让我们考察一个更复杂的事实[1]．

（3）在杀人案发生的时候，克赖伦斯 B. 黑勒（Clarence B.

1）关于下述情况读者可参阅依利诺斯最高法院（Supreme Court of Illinois）的判决，几乎全部重印在威格摩上述引文中脚注 5，83～88 页．

Hiller）同他的妻子以及四个孩子住在芝加哥的一幢二层楼房子里．一家人的卧室在二层楼上．通向二层的楼梯口的那盏瓦斯灯在晚上总是亮着的．一个星期一早晨两点钟过后不久，黑勒太太醒了并注意到这盏灯熄了，她弄醒丈夫，他穿着睡衣走到楼梯口，在那儿他碰到了一个闯入贼．两人打了起来，在格斗中两人都跌到楼梯底下，在那儿黑勒被打中两枪，不一会儿他即身亡．枪击大约发生在凌晨2点25分．

正是在枪击前一会儿，黑勒的一个女儿看见一个人拿着一根火柴站在她卧室的门边但却看不见他的脸．她并没有被吓坏，因为她父亲常在夜间起来看看孩子们是否都安然无恙．此外，在这一家人里就再也没有一个人见过闯入贼．

离黑勒房子大约四分之三英里有一个电车站．就在杀人案发生的那个清晨，恰好有四个警官在附近下班，正坐在车站板凳上等电车．大约清晨2点38分他们看见一个人从不容易看见板凳的方向朝他们走来．警官对他讲话，可是他右手插在口袋里继续走．警官拦住他并搜查他．口袋里有一支子弹上了膛的左轮手枪；他出汗了；衣服上鲜血斑斑；他的左前臂有轻伤，轻微出血．警官们（他们不知道这时候发生杀人案）把这个人带到派出所，他在那里受审查．这个人——我们将称他为被告——后来成了谋杀黑勒先生的嫌疑犯．

法庭在审问后必须审定或是否定或是确认罪名，这就是原告所提出来的下面的猜想：

A．被告枪击并杀死了黑勒先生．

我们来通盘考虑提出来证明猜想*A*的证据的要点．

B_1．当被告被拘留时在他身上找到的左轮手枪转盘里的两个弹室中有烧过的火药并有新鲜的烟味．据警官判断左轮手枪在他被拘留前一个小时内打过两次．装在左轮手枪枪膛里的五发子弹都刻有同黑勒房子走廊里死尸边发现的三发未打过的子弹一样的工厂标记．

B_2．闯入贼进入黑勒房子要经过厨房的后窗户，他首先得从那儿搬走隔板，要跳过这扇窗户的人得撑在门廊的栏杆上. 在新油漆过的栏杆上有四个左手指印. 芝加哥警察局鉴定科的两名雇员证实. 据他们判定，栏杆上的指纹同被告的指纹一致.

B_3. 不属于芝加哥警察局的两名专家也表明了关于指纹相同的意见(一个是加拿大渥太华多米尼警察局的稽查员；另一个是华盛顿市即哥伦比亚特区联邦政府的前鉴定人.)

B_4. 大约清晨2点钟，刚刚枪击黑勒先生之前，一个流浪汉进入一所房子里，这房子同黑勒的房子相隔一块空地. 两个女人看见一个男人把一根点着的火柴举在他头上站在她们卧室门里. 两个女人都证实这个流浪汉的个子大小及胖瘦同被告一样. 一个女人还记得流浪汉穿一件淡色衬衣并有裤子背带印. 在证人检查过法庭所出示的被告的衬衣及背带之后，据她证实被告是她在那个晚上在门里看见的那个人.

B_5. 当被告被拘留时他供了一个假名和假住址并否认以前曾被捕过. 事实上，以前他被判过盗窃罪，假释出狱，由于假释期间犯有强奸罪又回到了监狱，在杀人的那个夜晚之前约六个星期他二次假释出狱. 他在二次假释后大约二周，以假名买了左轮手枪，当掉它，又赎回来，再一次当掉，在枪击前五个小时他二次赎回它.

B_6. 被告不能首尾一贯地解释他衣服上的血迹，或他左前臂的伤，或枪击的那个夜晚他的行踪. 关于他的行踪他讲了两个不同的假话. 一个是他被拘留后讲的，另一个是在法庭上讲的. 他首先认定那晚他去看过的那些人都否认他曾去访问过他们. 然后被告告诉法庭他去过沙龙，但是没有发现证人可以确证此事.

(4) 如果罪名A是真，所有以大写字母$B_1, B_2, \cdots, B_6$写出的事实，事件及有关情况是容易理解的. 它们都支持A，但这种支持的份量在各种情况里是不相同的. 即使A非真，这些事实中的某些是可以解释的. 然而，如果A非真，其他一些会像是奇迹般的巧合.

如果子弹的样式是造枪工人卖的常见的那种的话，则被告的左轮手枪里所发现的子弹的样式同被害者身边所找到的子弹相同这件事本身不能证明很多东西．可是很有份量的证明是从这支左轮手枪打出去的子弹数恰好与同一时刻内打中受害者的子弹数一样多．要巧辩过去这样一种巧合是困难的．栏杆上的指纹同被告的指纹相符现在几乎可以看作是决定性的证明．但是在1911年审判的时候还未能这样来考虑．当被告被拘留时他对他的姓名、住址及犯罪经历方面都撒了谎，但这不能证明多少问题．如果罪名A为真，这样的谎话是可以理解的，但是如果它非真，也是可以理解的：一个人被警察逮捕了，总是希望事情愈少愈好．然而被告不能前后一贯地解释他在那个不祥的夜晚的行踪这一点份量是重的．他必定知道这点是重要的，而他的辩护律师确实知道证明被告当时不在现场的重要性．倘若罪名A非真，被告没有恶意地过了那一夜或犯了一桩较小的罪，为什么不马上那样说，或者至少在不太晚之前那样说呢？

如果罪名A是真的，则说到的所有详情都是容易理解的．可是如果罪名A非真，有那么多细节同时发生看来是费解的．如果说有那么多细节同时发生都是由于巧合．那是非常难以使人相信的．总而言之，被告的抗辩未能提出令人信服的证据．

当然，摆在陪审团面前的证据比在这里引用的要多并且有一点即没有一种叙述能足以回答：被告的行为与证据．陪审团宣告被告犯有杀人罪，联邦最高法院确认宣判．我们引用法院院长的最后宣判："单独考虑这些情况没有一个可以决定他(被告)有罪，但是把作为证据介绍的情况一起考虑时，陪审团就可以相信评判有罪是必然的逻辑结果．"[1)]

(5) 列在(3)中的说法$B_1, B_2, \cdots, B_6$非常适合(2)中介绍过的模式．甚至它们适合另一个更好的与其仅有一点不同的模式：

$$\frac{\begin{cases}\text{带有 } A \text{ 的 } B \text{ 很可靠}\\ \text{没有 } A \text{ 的 } B \text{ 不很可靠}\end{cases}\\ B\text{ 真}}{A\text{ 更可靠}}$$

1) 参阅威格摩所著《法庭证据原则》，88页．

拿说法$B_1, B_2, \cdots, B_6$中的每一个都可以完全地去代替这个模式的B，当然在这模式中A必须解释为罪名．说法$B_1, B_2, \cdots, B_6$是组合说法；它们有若干部分（其中一些我们已在(4)中强调过），其中每一部分本身可以被当作与案件有关的证据：每一个这样的部分都可以完全地代替上面模式的B．如果我们回忆(4)中的讨论，当然，我们就会感到没有A的B越不很可靠，结论就越强．

如果我们具体知道相继的证人怎样在诉讼程序进行过程中相继把大量证据展现在陪审团面前，我们就会更清楚地看到，在这样的法律程序中的合情推理的作用同在一个猜想的几个结论被连续地试验的科学研究中的合情推理的作用是相似的．（特别参阅§12.2.）

(6) 前面的考虑清楚地提出了一种组合模式，而这种组合模式与(5)中所讲的有关的合情推理的组合模式的关系，正如§12.2所介绍的组合模式与§12.1的基本归纳模式有关情形一样．在此我不打算着手深入研究这个问题；对法律证据原则有更深造诣的读者可以用给人以更深刻印象的例子和解释去处理它，但是我将增添一个另外的关于模式的说明例子[1]．

当哥伦布（Columbus）和他的同伴扬帆向西航行穿过未知的大洋时，每当看到鸟他们总是欢欣鼓舞．他们把鸟当作指示接近陆地的好预兆．虽然在这中间他们再三失望，对我来说下面的推理似乎是完全正确的．详细地说，推理说明如下：

{当船接近陆地时，我们时常看见鸟．
当船远离陆地时，我们不常见鸟．
现在我们看见鸟．

因此，我们接近陆地变得更为可靠．

这个推理精确地适合(5)中所讲的模式：鸟的出现被当作接近陆地的情况证据．哥伦布的船员在1492年10月11日星期四看到几只鸟并在第二天他们发现新大陆的第一个岛屿

读者会注意到我们在讲解模式时，所用到的例子大部分引自我们日常生活中的推理．

---

1) 《怎样解题》(*How to Solve It*)，212～221页，

第十三章的例题和注释

第 一 部 分

1. 仿照 §4 (6) 的方法，从 §1 提到的论证模式导出 §3 提到的论证模式.

2. 补充 §5 所概述的论证细节：经 §1 中的启发模式导出 §2 中的启发模式.

3. 从 §1 中的启发模式导出 §3 中的启发模式.

4. 在纵横字谜里我们必须找到有 9 个字母的字，线索是："疲倦讨厌的样子"（"Disagreeable form of tiredness"）[1].

当然，未知字所必须满足的条件含含糊糊地讲了. 经过几次不成功的尝试之后我们会注意到 "tiredness"（"疲倦"——译者注）有 9 个字母，正好同未知字的字母一般多，这就把我们引导到下面的猜想：

A. 未知字的意思是"讨厌的"并且是一个 "TIREDNESS" 的字谜.

（字谜的意思是把给定字的字母重新排列成一个新字.）这个猜想 *A* 可能完全是真的.（事实上，"疲倦讨厌的样子"（Disagreeable form of tiredness）这个线索本身就暗示出谜语里的字.）在往方格里填写谜语中的其他未知字时，从上下左右关系我们就可以完全合理地确定这个字的 9 个字母格位中有 2 个字母是可以肯定的，其格位位置是：

——————T—R.

我们可以把这个当作我们的猜想 *A* 的证据.

(*a*) 为什么？指出适当的模式.

(*b*) 试着找到所求的 9 个字母的字.（为了做到这一点，你自然有机会去估量 *A* 的证据. 在此有几个有益的问题：在 T 与 R 之间哪个字母最合适？元音字母 E，E，I 该怎样放？请参阅《怎样解

---

1) 摘自《曼彻斯特卫报周刊》(*The Manchester Guardian Weekly*)，1951 年 11 月 29 日出版.

题》147～149页.)

5. 让我们再提出已经在§12.3与§10(更充分地)分析过的法院诉讼事件. 我们再来考虑一下这个案件(就是对告发的事实是否构成犯罪进行分析):

A. 被告炸毁了游艇.

此外我们还改变一个提法: 在此我们考虑对事实的叙述.

B. 被告在某天某店买了那么那么多的炸药.

我们在此处所做的改变就是*B*不再指明一般叙述，而是指特定的事实. (法官倾向于或者说应该优先处理尽可能准确详细的事实.) 我们再次把*B*当作已被证实了的. (那么*B*是被证据所证实的事实.)

像我们已经介绍的这种提法的改变并不能改变论证的效力. 然而现在的模式是什么呢?

6. 被告是立契约人和一名公务员. 一个人被指控行贿，另一个人受贿. 于是就有了一桩特殊的起诉: 控告断言，公务员买新汽车的现金支付是从立契约人的钱袋里得来的. 案情的证人之一是一个汽车商; 他证实于11月29日收到875元作为公务员的汽车的现金支付. 另一个证人是地区银行经理; 他证实于11月27日(同一年的)从立契约人与他的妻子的平常不动用的共同户头中取走了875元; 收条由其妻子签署. 这些事实是被告所无法辩驳的.

你会把什么当作这种证据的最强的一点? 说出适当的模式.

7. 布赖克(Black), 怀特(White)与格林(Green)三家同住在郊区同一条街上. 布赖克一家与怀特一家是邻居而格林一家正好住在对面. 一天傍晚，布赖克先生与怀特太太隔着篱笆有一次长谈. 当时天已经黑了，并且格林太太也未看清楚是在谈话，于是她就轻率地做出一个结论，读者自己可以猜出会是一个什么结论: 格林太太很得意自认为她的猜想没错.

不幸，没有可能堵住由格林太太散布出去的流言蜚语. 然而，如果你敢冒极大风险，自命为律师去为被格林太太诽谤的无罪人申辩，我能说给你听一个事实: 怀特先生老早就想把家搬到靠近他办事处的地方去，他签署了租屋契约，这房子是属于布赖克的叔叔的，而这事发生在那次谈话之后没几天．用这个事实．

你申辩什么及模式是什么？

8．原告试图证实：

A．被告认识并能在其犯罪时认出受害者．

原告以不可否认的事实证实：

C．犯罪前被告与被害者都由同一家公司雇用了三年零几个月了．

因此*A*是证明犯罪的事实，*C*作为进一步证明的辅助事实．应该用怎样的模式？（你可以设计出对你有帮助的记述方法．你认为公司的大小与案情有关系吗？）

9．关于物理及数学中的归纳研究．从合情推理观点来看，存在于“数学情况”与“物理情况”之间的似乎是重要的差别已经在§6中指出过．好像还有一些这类的其他差别，在此将讨论一类．

库仑（Coulomb）发现，带电物体之间的力随距离平方成反比变化．他用扭秤直接做实验来证明这条反平方定律．库仑的实验是很精巧的，而他的理论与实验数据之间的差别是相当大的．我们不得不怀疑，若没有牛顿定律（引力作用的反平方定律）的有力类比，无论是库仑本人还是他的同时代人都不能把他的扭秤实验算作是决定性的．

卡文迪什（Cavendish）发现电引力与电斥力的反平方定律而与库仑无关．（卡文迪什的研究并没有在他在世时发表，因而库仑的优先权是无可争辩的．）可是卡文迪什设计了一个更为精巧的实验以证明定律．我们没有必要去讨论他的方法[1]的细节，只讲一下在此处具有实质性的一个特征．卡文迪什设想力的强度不是r^{-2}（r是电荷的距离），而可能是更一般的$r^{-\alpha}$，此处α是某个正常数．他的实验证明$\alpha-2$的绝对值不能超过某个分数．

库仑的实验研究与数学的归纳研究是非常相似的：正如数学

1）参阅 J.C. 麦克斯韦尔，《论电与磁》（J. C. Maxwell, *A treatise on electricity and magnetism*），第二版（1881），第1卷，76～82页．

家会拿观察同猜想中的数论定律的特殊结论相对照一样，他拿观察同猜想中的物理定律的特殊结论相对照．在猜想中的定律的选择期间类比会处处起重要作用．然而卡文迪什的实验研究具有不同特点；他不仅考虑一个猜想定律（r^{-2} 定律）而且考虑若干个猜想定律（$r^{-\alpha}$ 定律）．这些定律是不同的（电引力的不同定律对应于不同的参数值 α）但它们是相关的，它们属于同一"族"定律．卡文迪什把观察同整个定律族相对照并挑选出其中最好的定律．

这是两种研究之间最明显的差别：一种目的在于一个猜想，另一种目的在于一族猜想．第一种拿观察同一个猜想的结果比较，而另一种拿观察同时与若干个猜想的结果比较．第一种试图在这种比较的基础上去判断所提出来的猜想是可接受的还是不可接受的．而另一种试图找到最满意的(或最不难接受的)猜想．在数学中广泛使用第一种归纳研究，在物理科学中这种研究也不是不常见的．但广泛使用的还是第二种归纳研究，可是在数学中我们很难得碰到它．

事实上，最典型的一种物理实验的目的在于测量某个物理常数，在于确定它的值，正如卡文迪什的实验目的在于确定指数 α 的值一样．在数学里我们可能把这种或那种研究当作目的在于确定某个数学常数的一种归纳研究，但这种研究是非常特殊的[1]．

10．**试验性的一般公式**．牛顿时常重复的一句话"我不发明假设"是片面的，如果把这句话解释为"谨防猜想"那是一种误会：这样的忠告，如果听从的话，会毁掉归纳式研究方法的．更好的忠告是：尽早建立猜想；慢些承认它们．还有更好的是法拉第（Faraday）的话："哲学家应该是一个乐意听取所有建议的人，但是判断得由他自己作．"当然，法拉第所记得的哲学家修炼的是经验哲学而不是传统哲学．

现在打算探讨合情推理的"归纳"研究．在此，如果不限制我

1）顺便提一句，卡文迪什的实验还有更大的范围：它倾向于证明 r^{-2} 定律比任何别的定律 $\varphi(r)$ 更满意，而不限制函数 $\varphi(r)$ 为形如 $r^{-\alpha}$；参阅麦克斯韦尔同一本书的 76～82 页．

的话，我就提出几个实验性推广．它们要应用到合情推理的几种形式上，但是在任何试图作进一步推广之前，甚至连它们的公式都应该小心细看的．

（1）单调性．§6 的考虑可以提示一条规则："当合情推理结论的前提之一单调地变化时，结论也单调地变化．"这适合 §6 所考虑的及其余的几个例证，其中一些现在将被考虑．

（2）连续性．我们将需要一个论证逻辑术语．当 A 与 B 彼此相互蕴含时，亦即当 A 由 B 得到及 B 也由 A 得到时，我们就说

A 与 B 是等价的．

如果 A 与 B 等价，目前我们可以不知道 A 为真还是 B 为真，但我们知道只有两种情况是可能的：或者两者都为真或者两者都为假；A 与 B 一起成立或者一起不成立．关于 A 与 B 等价的记号是

$$A \rightleftarrows B.$$

两个箭头表示我们能从两种表述 A 与 B 的任何一种的真实性推出另一种的真实性．

在 §10 我们考虑过两种表述 A 与 B 之间暗含的联系．考虑逻辑关系

A 蕴含 B

连同没有 A 的 B 的可靠性．让我们来想像一下这种可靠性单调地变化：没有 A 的 B 变得越来越不可靠．达到极限情况，当没有 A 的 B 变为不可能时，B 的真实性就蕴含 A 的真实性．可是我们假设过 A 的真实性蕴含 B 的真实性，因此，达到极限，A 与 B 彼此蕴含，变为等价．

现在让我们来观察一下所描述的变化是怎样影响我们的基本归纳模式的：

$$\frac{\begin{array}{c}A\text{ 蕴含 }B\\ B\text{ 真}\end{array}}{A\text{ 更可靠}}$$

我们假定当第一个前提像所说过的那样变化时第二个前提保持不变．由于没有 A 的 B 变得越来越不可靠，猜想 A 由于它的结论 B

的证明变得越来越可靠．亦即结论变得更强了，增加了份量．达到极限结论变为“A 为真”，因此我们的合情推理模式达到极限变为下面(显而易见的)论证推理模式

$$\frac{\begin{array}{c}A\text{与}B\text{等价}\\ B\text{真}\end{array}}{A\text{真}}$$

简言之，我们的合情推理模式有一个“极限形式”，它是一个论证推理模式．当合情推理的前提“趋于”对应的极限形式的前提时，合情结论“近似”于它的终极极限强度．更简短些：有一个从启发模式到论证模式的连续转变．

这种描述还适应另外几种情况．其中一些列于表 III．在 §7 所解释过的表 I 的符号与缩写字被用在表 III．上面所解释过的符号 $\Longleftrightarrow$ 也被用到．用更简短的符号 $\bar{B}$ 来代替 §4 所定义过的非 B．

表 III

取近似:	$\dfrac{\begin{array}{c}A\to B\\ B\text{真}\end{array}}{A\text{更 cr.}}$	$\dfrac{\begin{array}{c}A\to B\\ B\text{更 cr.}\end{array}}{As.\text{ 更 cr.}}$	$\dfrac{\begin{array}{c}A\mid B\\ B\text{假}\end{array}}{A\text{更 cr.}}$	$\dfrac{\begin{array}{c}A\mid B\\ B\text{较不 cr.}\end{array}}{As.\text{ 更 cr.}}$
取极限:	$\dfrac{\begin{array}{c}A\rightleftarrows B\\ B\text{真}\end{array}}{A\text{真}}$	$\dfrac{\begin{array}{c}A\Longleftrightarrow B\\ B\text{更 cr.}\end{array}}{A\text{更 cr.}}$	$\dfrac{\begin{array}{c}A\rightleftarrows \bar{B}\\ B\text{假}\end{array}}{A\text{真}}$	$\dfrac{\begin{array}{c}A\rightleftarrows \bar{B}\\ B\text{较不 cr.}\end{array}}{A\text{更 cr.}}$

(3) **合情的来自于论证的吗？**表 III 可以提供另一个暗示．表中的极限模式比近似模式明显得多，极限模式中的两个是论证的，另外两个虽然不纯是论证的，也几乎是不成问题的．更有争议的近似模式（它们全是合情推理模式）似乎出自对应的用一样的“弱化”过程得到的极限模式：更强的表述如

$$A\rightleftarrows B,\ A\text{ 真},\ A\text{ 更 cr.}$$

有规则地被对应的更弱的表述如

$$A\rightarrow B,\ A\text{ 更 cr.},\ As.\text{ 更 cr.}$$

所代替．

合情推理的**所有**形式可能以某种类似的方法同论证模式或差

不多是论证模式相连接吗?

第 二 部 分

首先该看例 11: 它介绍(并解释)所有下面的内容.

11. 越是自己的,就越复杂. 在前面我没有讨论过我自己发表的数学著作中的猜想. 这是一个遗漏,因为从内心深处了解自己毕竟比了解无论哪个数学家都更深刻. 对某些读者来讲这种遗漏甚至引起怀疑. 我并不认为这种怀疑是有理由的. 不讨论我自己研究的更复杂更专门的题目不是不够坦率,而恰是这种题目的复杂性与专门化. 我以为还是讨论些具有更广泛兴趣更简单的题目为好.

下面例 12～19 需要比书中的大部分更为高等的知识. 这些都是我自己的研究成果. 我试图提供一个有代表性的实例. 我把以前出版的书刊上发表过的及未发表过的一些猜想都写在里边了. 我把我的"朴素的"早期工作中的一些猜想包括进去,那时我还没有开始明确地考虑合情推理课题,我还把我的后来的不那么朴素的工作中的一些猜想包括进去. 例 12 是属于我朴素年代的;它讲到引导我得到一个结果的启发依据. 例 13,14,15 及 16 是讨论以前发表过的我的朴素年代的猜想的,例 17 是讨论一个以前发表过的我的不那么朴素年代的猜想的,例 18 及 19 是讨论以前没有发表过的猜想的[1].

---

1) 引用本书作者所写的论文时在脚注中不写名字;"参阅"介绍所叙述猜想所在的页(往往以一个问题的形式);引用署名的论文记载了所讨论的猜想的第一个证明. 例 12 (*Ex.* 12): «巴勒摩数学协会报告» (*Rendiconti, Circolo Matematico di Palermo*), 第 34 卷 (1912), 89～120 页. 例 13 (*Ex.* 13): «数学家通讯» (*L'Intermédiaire des Mathématiciens*), 21 卷 (1914), 27 页, 即 4340 页; G. 蔡可,«数学年鉴» ((G. Szegö), *Math. Annalen*),第 76 卷 (1915), 490～503 页. 例 14 (*Ex.* 14): «数学年鉴» (*Math. Annalen*), 第 77 卷 (1916), 497～513 页;参阅 510 页; F. 卡尔森,«数学杂志» ((F. Carlson), *Math. Zeitschrift*), 第 9 卷 (1921), 1～13 页. 例 15 (*Ex.* 15): «数学家通讯» (*L'Intermédiaire des Mathématiciens*), 第 20 卷 (1913), 145～146 页, 即 4240 页; G. 蔡可, «数学杂志»((G. Szegö), *Math. Zeitschrift*), 第 13 卷 (1922), 38 页. 也看 «纯粹与应用数学杂志» (*Journal für die reine und angewandte Math.*), 第

我该多说一句，还是在我的早年时代我就为自己的一些猜想所激起的坚强自信所深深打动并弄得有些迷惑不解，并且我不知道是一种什么样的理由构成这样的自信．下面的一些话极好地表达了关于我的新猜想来源的早期观点．

“连接两定点有一条直线．一个新定理往往是一种推广，它连接两种极特殊情况，并由一类线性插入法得之．给定一个方向并通过一定点有一条直线．一个新定理往往是在所探究的非特殊方向偶尔碰到一个适当的特殊情况的时候被想出来的．新定理也可以由画平行线得出．”[1)]

12．连接两定点有一条直线．按无穷大方块排列的数 $A_n^{(k)}$

$$
\begin{array}{cccccccc}
A_0^{(1)} & A_1^{(1)} & A_2^{(1)} & A_3^{(1)} & \cdots & A_n^{(1)} & \cdots \\
A_0^{(2)} & A_1^{(2)} & A_2^{(2)} & A_3^{(2)} & \cdots & A_n^{(2)} & \cdots \\
 & & & \cdots\cdots\cdots & & & \\
A_0^{(k)} & A_1^{(k)} & A_2^{(k)} & A_3^{(k)} & \cdots & A_n^{(k)} & \cdots \\
 & & & \cdots\cdots\cdots & & &
\end{array}
$$

与函数 $f(x)$ 有关．（它们由 $f(x)$ 按 x 的幂展开式得来；$A_n^{(k)}$ 及 $f(x)$ 都是实的．）E. 拉盖尔（E. Laguerre）发现方阵的第 k 行 $A_0^{(k)}$，$A_1^{(k)}$，$A_2^{(k)}$，$\cdots$ 的符号改变次数 $V(k)$ 同方程 $f(x)=0$ 在 0 与 1 之间（端点除外）的根的个数 R 有关：

$$V(k) \geqslant R,$$

当 k 增大时 $V(k)$ 只能减小或保持不变．永不增大的 $V(k)$ 最终能达到 R 吗？拉盖尔提出了问题，但没有解决就留下来了．M. 费

158 卷（1927），6～18 页．例 16（*Ex.* 16）：《德国数学协会年报》（*Jahresbericht der Deutschen Math. Vereinigung*），第 28 卷（1919），31～40 页；参阅 38 页．例 17（*Ex.* 17）：《国家科学院会议录》（*Proceedings of the National Academy of Sciences*），第 33 卷（1947），218～221 页；参阅 219 页．例 19（*Ex.* 19）：《纯粹与应用数学杂志》（*Journal für die reine und angewandte Math.*），第 151 卷（1921）1～31 页；见定理 I，第 3 页．

1) 参阅 G. 波利亚与 G. 蔡可，《分析》（*Analysis*）第 1 卷，第 VI 部分．

喀特（M. Fekete）证实倘若 $R=0$，$V(k)$ 最终达到 R，这个特殊情况暗示出 $V(k)$ 总是达到 R 的猜想．我够幸运，观察到 $A_n^{(k)}$ 与函数 $f(x)$ 之间的另一种联系：存在某些正数 $B_n^{(k)}$（与函数 $f(x)$ 无关）使有

$$\lim_{k\to\infty} A_n^{(k)}/B_n^{(k)} = f(0) \quad \text{对固定的 } n,$$

$$\lim_{n\to\infty} A_n^{(k)}/B_n^{(k)} = f(1) \quad \text{对固定的 } k.$$

亦即，无穷大方阵的纵向与 $f(0)$ 有关，横向与 $f(1)$ 有关．这两个极端方向，纵与横，会使你回想起需要连接的两个端点：中间斜线方向怎么样？假定暂时认为我们要证明的猜想是当然的：它蕴含着中间方向与 x 在 0 与 1 之间变化时 $f(x)$ 所取的值之间的某种联系．这暗示 $A_n^{(k)}/B_n^{(k)}$ 可以趋于 $f(x)$，此处 x 借某种方法与 n/k 的极限有关．事实上，最终我发觉，那甚至是容易证明的，有

$$\lim_{k,n\to\infty} A_n^{(k)}/B_n^{(k)} = f(x) \quad \text{如若} \quad \lim n/(n+k) = x.$$

这关系式结果弄清楚是解答拉盖尔问题的关键．

13．给定一个方向过一定点有一条直线．画一条平行线．连同正函数 $f(x)$ 的傅里叶（Fourier）级数，

$$f(x) = a_0 + 2\sum_{1}^{\infty}(a_n \cos nx + b_n \sin nx),$$

O．特普利茨（O. Toeplitz）考虑 λ 方程

$$(*)\quad \begin{vmatrix} a_0-\lambda & a_1-ib_1 & \cdots & a_{n-1}-ib_{n-1} \\ a_1+ib_1 & a_0-\lambda & \cdots & a_{n-2}-ib_{n-2} \\ \vdots & \vdots & & \vdots \\ a_{n-1}+ib_{n-1} & a_{n-2}+ib_{n-2} & \cdots & a_0-\lambda \end{vmatrix} = 0.$$

他的研究揭示出这方程的 n 个根

$$\lambda_{n1},\ \lambda_{n2},\ \lambda_{n3},\ \cdots\ \lambda_{nn}$$

“模仿”函数 $f(x)$ 的 n 个等距离值

$$f\left(\frac{2\pi}{n}\right),\ f\left(\frac{4\pi}{n}\right),\ f\left(\frac{6\pi}{n}\right),\ \cdots\ f\left(\frac{2n\pi}{n}\right).$$

例如，n 个根的算术平均

$$\frac{\lambda_{n1}+\lambda_{n2}+\cdots+\lambda_{nn}}{n}=a_0$$

对应于

$$\lim_{n\to\infty}\left[f\left(\frac{2\pi}{n}\right)+f\left(\frac{4\pi}{n}\right)+\cdots+f\left(\frac{2n\pi}{n}\right)\right]\frac{1}{n}$$

$$=\frac{1}{2\pi}\int_0^{2\pi}f(x)dx=a_0.$$

让我们试着画一条平行线：n 个根的几何平均

$$[\lambda_{n1}\lambda_{n2}\cdots\lambda_{nn}]^{1/n}=D_n^{1/n},$$

此处 D_n 指定为 n 行的行列式，此行列式由取方程(*)左边的 $\lambda=0$ 得之．这可对应于

$$(**)\lim_{n\to\infty}\left[f\left(\frac{2\pi}{n}\right)f\left(\frac{4\pi}{n}\right)\cdots f\left(\frac{2n\pi}{n}\right)\right]^{1/n}=e^{\frac{1}{2\pi}\int_0^{2\pi}\log f(x)dx}.$$

此刻自然要找一个便利的特殊情况．对特别的函数

$$f(x)=a_0+2a_1\cos x+2b_1\sin x,$$

不难计算 D_n 及 $\lim\limits_{n\to\infty}D_n^{1/n}$，这极限弄清楚了等于值（**）：所探究的非特殊方向偶尔碰到一个适当的特殊情况，叙述猜想就不会有困难了：对任何正函数 $f(x)$

$$\lim_{n\to\infty}D_n^{1/n}=e^{\frac{1}{2\pi}\int_0^{2\pi}\log f(x)dx}.$$

14．最明显的情况也许是唯一可能的情况．如果幂级数

$$a_0+a_1z+a_2z^2+\cdots+a_nz^n+\cdots$$

的系数 $a_0, a_1, a_2, \cdots a_n, \cdots$ 是整数，这无穷多个整数异于零，由于其公项不趋于零则级数明显地在点 $z=1$ 发散．因而这幂级数的收敛半径 $\leqslant 1$．收敛半径的端点值 1 可能达到．一个明显的例子是级数

$$1+z+z^2+\cdots+z^n+\cdots;$$

它表示一个具有极简单的解析性质的函数，有理函数 $1/(1-z)$．另一个例子是

$$z+z^2+z^6+\cdots+z^{n!}+\cdots;$$

它表示一个具有极复杂解析性质的函数，不可延拓函数．（这是级

数的最熟悉的例子，级数的收敛圆是一条奇线.）这两个明显例子具有相反性质. 可是，令人惊奇的是解析性质可以被确定的具有整数系数及收敛半径为1的任一幂级数弄清楚是与这反例中的一个或另一个相类似：它表示不是一个有理函数就是一个不可延拓函数. E. 博雷尔（E. Borel）与 P. 法都(P. Fatou)的定理证明具有中间性质的广泛类函数不能由这样的函数来表示. 当作者成功地证明过类似定理并掌握更多例子时，他却发掘出关于猜想的基本证据："由具有整数系数及收敛半径为1的幂级数即某个有理函数所表示的最明显的可延拓的解析函数是仅有的这种函数."换而言之，"如果具有整数系数的幂级数的收敛半径达到端点值1，则所表示的函数必有极端特性：它不是极其简单的一个有理函数，就是极其复杂的一个不可延拓函数."

15. 建立模式. 词的功能，这例子有各个方面，我们要试着一个一个地讨论.

（1）拉盖尔发现几个实数数列

$$\alpha_0, \alpha_1, \alpha_2, \cdots, \alpha_n$$

有下列奇妙性质：如果(否则任意) n 次方程

(I) $$a_0 + a_1x + a_2x^2 + \cdots + a_nx^n = 0$$

只有实根，方程

(II) $$a_0\alpha_0 + a_1\alpha_1x + a_2\alpha_2x^2 + \cdots + a_n\alpha_nx^n = 0$$

（数列把 (I) 变换为 (II)）也将只有实根. 拉盖尔提出而并未解决的问题：找到一个简单的描述这类数列特征的必要且充分条件.

找必要条件容易：我们就把要求的这类数列应用到已知只有实根的任一方程上去，然后我们得到一个变换方程，其所有根必是实的. 例如，把数列 $\alpha_0, \alpha_1, \alpha_2, \cdots, \alpha_n$ 应用到方程

$$1 - x^2 = 0, \quad x^2 - x^4 = 0, \quad x^4 - x^6 = 0, \cdots$$

上，显然，这些方程只有实根，我们容易发现 $\alpha_0, \alpha_2, \alpha_4, \alpha_6, \cdots$ 必为同号，全正或全负(从更广的意义上讲，不排除0). 把同一个数列应用到方程

$$x - x^3 = 0, \quad x^3 - x^5 = 0, \quad x^5 - x^7 = 0, \cdots,$$

我们也发现 $\alpha_1, \alpha_3, \alpha_5, \alpha_7, \cdots$ 必为同号．把这些话记在心里，把数列应用到方程

$$\text{(III)} \qquad 1+\binom{n}{1}x+\binom{n}{2}x^2+\cdots+x^n=0$$

（方程的所有 n 个根都等于 -1）上去，我们得到方程

$$\text{(IV)} \qquad \alpha_0+\binom{n}{1}\alpha_1x+\binom{n}{2}\alpha_2x^2+\cdots+\alpha_nx^n=0$$

的根全是实的且有相同符号的必要条件．

借着积累几个必要条件我们得到了这最后条件．它们的累积结果应该更强些：它强到足以形成一个充分条件吗？如果是这样，下面奇妙的命题应该成立："如果两个方程（I）及（IV）只有实根，则（IV）的根都有相同符号，方程（II）也只有实根．"

（2）我老早就想起了这个猜想，但我不能相信它：它似乎太奇怪了．然而在 $n=2$ 的情况下，猜想容易证实（$n=1$ 的情况完全不足道）．

可是，偶然地，我发现 E. 梅罗（E. Malo）所证明的定理：如果方程（I）只有实根并且方程

$$\alpha_0+\alpha_1x+\alpha_2x^2+\cdots+\alpha_nx^n=0$$

只有同号实根，方程（II）必定只有实根．梅罗定理清楚地与那个强猜想类似并使它看上去不那么强．此外，据我所见，梅罗定理是那个猜想的推论，因此猜想的另一个广阔而重要的推论得到了证实：猜想显得强得多．

（3）易知，可把猜想重述如下："如果正数数列 $\alpha_0, \alpha_1, \cdots, \alpha_n$ 把方程（III）变换为只有实根的方程，它将把一个只有实根的任意方程变换为具有同样性质的方程"．换而言之，方程（III）建立了模式：它的对数列 $\alpha_0, \alpha_1, \cdots, \alpha_n$ 的反应被所有其根都是实的方程所模仿．

（4）方程（III）是怎样建立模式的呢？因为它的所有根相重，在某种意义上讲这个回答是"当然的"．无论如何，正如我以后所发现的，所有根（或零点）相重的方程（或函数）在几个类似的问题中起相似作用：它们建立了模式（它们"起到定音作用"）．

可是，由于所议论的猜想现在还只是个猜想，我就用下面的“解释”：方程(III)的所有根都等于 -1. 这些根都被塞进实轴的一个点里，它们尽可能紧地靠在一起. 在这种局面里，可以理解，它们有最大的跳出实轴的倾向. 因此，如果被应用到有密集根的多项式 $(1+x)^n$ 的数列 $\alpha_0, \alpha_1, \cdots, \alpha_n$ 不能从实轴上把这些根赶出去，它就越没机会把别的多项式的不密集的根赶出去.

这种“解释”的逻辑价值显然等于零，但那不意味着它的心理学的价值也是零. 我承认就我个人而言这个滑稽的类比是极其重要的：它使得猜想保持好几年.

我应在此处提一下，一些类似的奇妙语言的确切陈述过去常常与我的数学工作有关. 例 14 的末尾一句话是一个有特色的例子. 此处还有两个例子.

二十多年来我对法伯雷 (Fabry) 的著名的关于幂级数的间断定理非常感兴趣，有过两个时期：第一个是“沉思”时期，而第二个是“活动”时期. 在活动时期我做了一些与定理有关的工作，并寻找各种证明、拓展和对它的类比. 在沉思时期实际上我没做与定理有关的工作，我只是赞赏它，时时以某种好奇想起它，牵强地作如下陈述：“如果在一个幂级数里一个任意选择的系数异于零是极不可能的，那末它不仅极其可能，而且确实地，幂级数是不可延拓的.”显然，这句话既没有逻辑性，也没有文学价值，它正好使我把我的好奇心保持下来.

我非常清楚地想起了某个证明方法，但是在那以后几天里我不试图完成证明的最后形式. 在这几天里我被“移植”一词缠住了. 事实上，若讲到有用任何一个单词能去描述如此复杂的事情的话，那么这个词算是尽可能精确地描述出了证明的明确思想.

当然，关于这个“词的功能”我曾作了各种解释，但是，我如能等待用更多的例子来解释也许更好些[1].

16. 仅仅靠巧合这可能性实在是太小了. 设 f 为整数 n 的素

1) 参阅 J. 阿达玛，«数学方面发明心理学»(J. Hadamard, *The psychology of invention in the mathematical field*), 84～85 页.

数因子个数，按 f 是偶数或奇数称 n 为"偶分解的"或"奇分解的"．例如

$$30=2\times3\times5\quad 是奇分解的,$$

$$60=2\times2\times3\times5\quad 是偶分解的.$$

像 2, 3, 5, 7, 11, 13, 17, … 这样的素数是奇分解的，像 4, 9, 16, … 这样的平方数是偶分解的，数 1 必须看作偶分解的，因为它没有素数因子，而 0 是偶数．在前 12 个数中（下面 e, o 分别表示偶、奇分解．——译者注）

1	2	3	4	5	6	7	8	9	10	11	12
e	o	o	e	o	e	o	o	e	e	o	o

5 个是偶分解，7 个是奇分解．

如果我们考察上面表中的 e 与 o 行，我们简直不能发现一个简单的规律．两种符号似乎是不规则地、不可预测地随机交替．我们几乎不可避免地会想到机会：自然会想到如果不去辛苦地分解所给整数的因子，而在桌子上掷硬币并按照头像面或反面朝上写下"e"或"o"，我们就会得到一串类似的数列．自然会相信硬币是"公平的"，头像及反面朝上的机会大概常是相等的，亦即偶分解与奇分解的两种整数常常是相等的．

现在可以证明(证明是困难的)在前 n 个整数中当 n 很大时偶分解同奇分解大约一样多(即当 $n\to\infty$ 时其比值趋于 1)．这似乎使我们的猜想得以确证．现在你可以更有信心地期待把偶分解数与奇分解数彼此当作头像与反面的一串任意的数．期望如此，我开始对每个 n 列表，看看在前 n 个数中奇分解或偶分解的哪一类整数占多数．前 n 张表似乎是倾向一边的．我表示惊讶并继续放大 n 数，但还是倾向一边．我大为惊异并还继续放大 n 数，可是它还是倾向一边．当我算到 $n=1500$ 时，我算烦了并不得不承认有某种关于猜想的观察证据："对 $n\geqslant 2$，在前 n 个整数中偶分解数从不占多数．"

你把一个硬币向上抛 1500 次．并记下在前 n 次试验中得到多少次头像面和多少次反面．碰巧你得的头像次数比反面的少是很

可能的.(把"比…少"广义地理解为"不更多于…".)甚至可能碰巧在所有从第二步往后即对 $n=2, 3, 4, \cdots, 1500$ 的次数中你得的头像次数一直是比反面少,但这不那么容易发生. 如果把这说成仅仅是巧合,这种可能性也实在太小了. 然而不可能的事毕竟出现了,是在我们用能再分解的整数来玩正反面游戏时被发现的. 一定有某种理由. 我做了我必须做的一切:我把猜想看作是当然的(当然是假定地)并试图从它得出结论. 我很幸运地看到了两点. 首先,如果新猜想为真,那末黎曼(关于 ζ-函数)的极为重要的猜想的真实性必可推出. 其次,若比新猜想更真一点的猜想为真(如果从某个 n 往上偶分解数确实占多数),另一个重要的高斯猜想(关于二次形式类数)必可推出. 这两点似乎都是讲的对新猜想有利的方面.

猜想已不是新的了,但其命运仍然是未定的. A. E. 英格姆(A. E. Ingham)倾向于从可以使它不可靠的事例中得出结论. 另一方面, D. H. 兰姆(D. H. Lehmer)则一直算到 $n=600,000$ 证实了它.

17. 完成类比. "在所有给定体积的立体图形中,球有最小表面积."这是一个古典空间等周问题,一个出色的关于它的物理类比为 H. 庞加莱(H. Poincaré)所发现并为 G. 蔡可(G. Szegö)所严格证明:"在所有给定体积的物体中,球有最小电容量."自然会想到应该有进一步类似的定理,我寻找过这样一个定理. 带电体周围的力场类似于以一定速度穿过不可压缩性的理想流体的运动体周围的流场. (两种场是无源、无旋的,因此满足同一个偏微分方程.)电场中的物体的电容量大约与水力场中物体的"虚质量"相对应. (运动物体搅起流体并给它自己增添了运动流体的动能;"虚质量"是这项附加动能的要素.)电容量与虚质量都同对应的场能有关. 可是有一个显著差异:电容量只依赖于物体的形状与大小,但虚质量除形状与大小外尚依赖于物体的运动方向. 为使类比更加完善,我必须构想出新概念:对遍及所有可能方向的虚质量取平均值,我们得到平均虚质量. 因而产生了猜想:"在所有给定体积的物体中，球有最小平均虚质量.”

椭球是仅有的其所有方向的虚质量都可以算清楚的形状. 事实上，结果变为在所有给定体积的椭球中，球有最小平均虚质量：从而猜想在一个重要的特例中被证实. 我也可以用类比的方法来证明猜想：我成功地证明了二维的圆的类似的水力最小性质. 如此证明之后，这样的猜想应该公开发表了，至少我是这样想的.

一直到今天，这个猜想既没有被证明为真也没有被证明为假，虽然 G. 蔡可与 M. 犀菲 (M. Schiffer) 发现了似乎可以证明它的有趣的有关结果.

18. 一个新猜想. 我们考虑建立了直角坐标为 x 与 y 的平面，在此平面上有封闭曲线 C 所围成的域 R. 要找一个函数 $u=u(x,y)$，它满足两个边界（沿曲线 C）条件中的一个或另一个

(1) $u=0$,

(2) $\dfrac{\partial u}{\partial n}=0$

及域 R 内的偏微分方程

(3) $\dfrac{\partial^2 u}{\partial x^2}+\dfrac{\partial^2 u}{\partial y^2}+\nu u=0.$

在 (2) 内 n 为曲线 C 的法向；在 (3) 中 ν 为某一常数. 那末我们有两个不同问题：首先，我们必须解带有边界条件 (1) 的微分方程(3)；其次解带有条件 (2) 的微分方程 (3). 在与各种振动现象相联系的物理学中这两个问题都是很重要的. 两个问题有同一个平凡解：$u=0$. 仅对特殊的 ν 值，一个或另一个问题有非平凡解，亦即不恒为零的解 u：对 $\nu=\lambda_1, \lambda_2, \lambda_3, \cdots$，带有边界条件 (1) 的问题，对 $\nu=\mu_1, \mu_2, \mu_3, \cdots$，带有边界条件 (2) 的问题. 它是

$$0<\lambda_1<\lambda_2\leqslant\lambda_3\leqslant\lambda_4\leqslant\cdots,$$
$$0=\mu_1<\mu_2\leqslant\mu_3\leqslant\mu_4\leqslant\cdots.$$

这些特殊值 $\lambda_1, \lambda_2, \lambda_3, \cdots$ 及 $\mu_1, \mu_2, \mu_3, \cdots$ 分别被称为第一及第二问题的特征值. 特征值与相应的物理现象中的特征振动的频率有关.

我想讲一个新猜想：设A为域R的面积；那末，对$n=1,2,3,\cdots$，

$$\mu_n < 4\pi n A^{-1} < \lambda_n.$$

这是一个要求提出事实来证实的猜想. 由于域R的形状能任意变化，n跑过所有整数1，2，3，…，猜想覆盖了变化无穷的特殊情况，在这些情况之中已知的不太多：猜想可以被涉及到这些特殊情况中的任何一个的数值结果所推翻. 可是猜想的证明还不算太坏.

(a) 对 $n=1,2,3,\cdots$，当R为一个矩形时可证明此猜想. 事实上，这是提出猜想的特殊例证.

(b) 对$n=1,2$，当R有任意形状时可证明此猜想. 这个特殊情况与(a)所讲的是非常不同的.

(c) 在特征值能清楚算出的几种特殊情况中，通过数值计算也能证明此猜想：对n直到25及特殊形状的R（圆，几个圆扇形，几个三角形）.

(d) 长久以来已知

$$\mu_1 \leqslant \lambda_1,\quad \mu_2 \leqslant \lambda_2,\quad \mu_3 \leqslant \lambda_3,\cdots.$$

这与猜想一致.

(e) 也已知

$$\lim_{n\to\infty} \mu_n n^{-1} = \lim_{n\to\infty} \lambda_n n^{-1} = 4\pi A^{-1},$$

并且这也与猜想一致.

当然，这种证明再多也证实不了猜想，并且也不能强迫任何人对它有任何程度的信任. 可是这种证明能提高对猜想的兴趣，激励我们试验更多的结论，并增加作为猜想存在理由的科学研究的妙趣.

关于所讲的猜想的技术细节（其中一些是派特·蔡可（Peter Szegö）先生帮了我很大的忙）将在别处发表.

19. 另一个新猜想："如果$F'(x)$是一个代数函数，级数

$$F(x) = a_1x + a_2x^2 + a_3x^3 + \cdots$$

的所有系数 $a_1, a_2, a_3, \cdots$ 是整数,则 $F(x)$ 也是一个代数函数."换言之:"除非代数函数的积分是代数函数本身,它不能由带有整系数的幂级数来表示."

为了解释,考虑展开式

$$\arcsin 2x = 2\sum_{0}^{\infty}\binom{2n}{n}\frac{x^{2n+1}}{2n+1}.$$

$\arcsin 2x$ 的导数是代数函数，这个导数展开式中的所有系数是整数,正如我们从上面公式中所见到的那样. 可是 $\arcsin 2x$ 不是代数函数. 因此,如果所提出来的猜想为真,在上面展开式中必有无穷多个非整数系数. 这是容易证明的: 如果 $2n+1$ 是素数,它就不是 $2n$ 的因子! 那么被审定的实例证实猜想,它也可以由下面事实来证明(并且已经提示过了): 如果我们拿"有理函数"去代替所提的猜想陈述中的"代数函数",我们把它改为真的且已被证实了的论断. 也可以用更笼统的类比,用具有整系数的幂级数的题目周围"气氛"来证实猜想;见例 14.

有许多情况类似于 $\arcsin 2x$，它容易试验,但尚未进行检验. 本来对这种可以着手研究的猜想，在尚未彻底研究之前是不应该印行的. 在此我发表它是作为一个未发展的,更恰当地说没完全证明的猜想.

20. 什么叫典型? 到目前为止就我所能见到的,在紧前面一些例子(例 12—19) 里,没有什么同前面例子得来的一般印象不一致的东西. 在这些紧前面的例子里,正如在别的例子里一样,所讨论的猜想被双重地证明了: 用一些清晰的事实,以及一个"一般的周围情况". 据我看前一种证明,用一些清晰事实的,似乎正好在这一章及前面概述过的模式范围内: 类比与所证明的结论是卓越的,单是合情结论也起某种作用;从两个非常不同的方面得到支持是至关重要的. 例 12～19 就总体而言似乎是典型的.

在例 13～17 所提到的猜想里没有一个被驳倒过(至少到现在为止). 这好像是不正常的. 然而,在此我没有提到过我的无数别的猜想,这些猜想曾在几分钟、或几小时或几天之后就被驳倒了;

这种短命的猜想通常很快就被忘记了. 当然，我只发表那些通过了所有我可以认为是明显的检验及至少曾花费我比几个月时间还长的工作的猜想;这些是最坚挺的猜想，具有最大的生命力. 所谓典型就是研究你想像出来的许多猜想，推翻其中的大部分而保留少数几个.

第十四章　机会，永存的对抗猜想

……这种相合只不过是一种偶然性事件，它所占的概率远远小于 $(1/2)^{60}$ ……，因此这种相合一定是由某种原因引起的，一旦这种原因被我们找出以后，就可以对已观察到的事实作出充分的解释。

——G. 克契霍夫[1] (G. Kirchhoff)

§1. 随机大量现象

日常谈话要用到"可能的"，"像有的"，"似真的"和"可信的"这些词，它们的含义并不都是可以截然区分开来的。现在，我们单挑出"可能的"一词并且我们知道它有一个特殊意义，我们把这个词用作科学的一个分支的技术术语，这分支称为"概率论"[2]。

这理论有种类繁多的应用，涉及各个方面，因此，它可以按不同方式来理解，也可以用不同方式来介绍。有些作者把它看作纯数学理论，另外一些则把它看作一种逻辑或逻辑的一个分支，还有一些把它看作自然界研究的一部分。各种观点中有的可以兼容，有的不可兼容。我们必须以研究其中一种开始，但我们不应该只限于其中的任何一种。在下一章我们要稍微改变一下我们的见解，而在本章我们选择在大量的应用里是最方便的及使初学者能最快掌握的观点。在此我们把概率论看作自然界研究的一部分，看作某些可观察到的现象的理论，即随机大量现象[3]的理论。如果我们把这些现象的几个例子作一番比较就能十分清楚地领会这

---

1) «科学院论文集» (*Abhandlungen der K. Akademie der Wissenschaften*), Berlin, 1861, 78～80 页.

2) 在前面，词"可能的"与"概率"往往用于非技术意义上，但在本章及下一章将小心避免这一点。词"像有的"及"像有"在本章后面将作为技术术语。

3) 在这个本质点及别的几点上，目前的解释是遵照李查德·冯·密塞斯 (Richard von Mises) 的意见，虽然它越出了他的数学概率定义。参阅他的书«概率，统计与真理» (*Probability, Statistics, and Truth.*)

个术语的含义是什么.

(1) 下雨. 下雨是一种大量现象. 它由极多的单个事件，即极多的雨滴的下落所组成. 这些雨滴，虽然彼此非常相似，但在各方面还是不同的：大小，落到地面的地点，等等. 那就有一个雨滴的行为问题，我们适当地把它描述为“随机的”. 为了把这术语的含义弄清楚，让我们想像一个实验.

当开始下雨时我们来观察铺路石上的第一点雨滴. 我们观察一个大广场中央的铺路石，它离建筑物或树或可能挡住雨的任何东西足够远. 我们把注意力集中在称为“右边石块”与“左边石块”的两块石头上. 我们看着落在这些石块上的雨滴并记下它们打到石块上的次序. 第一滴落在左边石块上，第二滴落在右边，第三滴又在右边，第四滴左边，等等. 没有明显的规律如

$$L\,R\,R\,L\,L\,L\,R\,L\,R\,L\,R\,R\,L\,R\,R$$

(R 表示右，L 表示左). 这连续的雨滴是没有规律的. 事实上，观察了一定数量的雨滴之后，我们不能合理地预告下一滴会落在哪个方向. 我们作了上面 15 个记录. 检查一下，我们能预告第 16 个记录会是 R 或 L? 显然，我们不能. 另一方面，连续雨滴又有点儿规律. 事实上，我们能自信地预告雨后这两块石头会一样湿. 那就是说打在每块石块上的雨滴数将非常接近于与它的水平面积成比例. 没有人怀疑这点，气象学家们在构造雨量计时确实认为这是真的. 可是有一点是荒诞无稽的. 我们能预知最后会发生什么，但我们不能预知细节. 雨滴是一种典型的随机大量现象，在一些细节方面是不可预知的，在整体的一定数量规模上却是可以预知的.

(2) 新生儿中的男孩. 在医院里，新生婴儿按他们出生次序登记. 男孩和女孩 (B 和 G) 一个接一个没有明显规律，如

$$G\,B\,B\,G\,B\,G\,B\,B\,G\,G\,B\,B\,B\,G\,G$$

虽然我们不能预言这个随机序列的细节，但是我们却能预告一个最后结果，这结果可由总括美国一年内所有这种记录而得到：男孩数会大于女孩数，事实上，这两个数的比接近于 51.5:48.5. 美

国一年的出生数约为 3 百万．在此我们有一个相当大的大量随机现象．

(3) 碰运气游戏．我们重复抛一个硬币，记下每次它显示哪一面，"正面"或"反面"(H 或 T)．我们得到如此一个没有明显规律的序列，如

$$T\,H\,H\,H\,T\,H\,T\,H\,H\,T\,H\,T\,H\,T\,T$$

如果我们有耐心把硬币抛它几百次，那末正面与反面的确定的比率就显出来了，即使把实验再做下去，那个比率也不会改变许多．如果我们的硬币是"不偏重的"，最终正面与反面之比应该是 50:50．如果硬币是偏重的，就会看到某个别的比率．总之我们再一次看到一种随机大量现象的特征．虽然细节不可预知，但最终会显出不变的比率．尽管单个事件是无规律性的，但总有某种总体的规律性．

§2. 概率的概念

在 1943 年内美国出生数，男的、女的及总数分别是

$$1,506,959 \quad 1,427,901 \quad 2,934,860.$$

我们称

$$1,506,959 \quad \text{男出生频数,}$$
$$1,427,901 \quad \text{女出生频数.}$$

称

$$\frac{1,506,959}{2,934,860} = 0.5135$$

为男出生相对频率及

$$\frac{1,427,901}{2,934,860} = 0.4865$$

为女出生相对频率．一般说来，如果某一类事件发生 n 次中的 m 次，我们称 m 为那类事件的发生频数而 m/n 是它的相对频率．

让我们来想像一下，全美国的一整年出生是连续登记的(正如前面一节我们提到过的在医院里那样)．如果我们看着男与女出

生序列，在我们面前几乎就有3百万个极长的一列记录，如

$$G\ B\ B\ G\ B\ G\ B\ B\ G\ G\ B\ B\ B\ G\ G.$$

正如大量现象所表明的，在观察的每一阶段，我们有一个确定的男出生频数，也有一个确定的相对频率．在1，2，3，…个观察之后，我们记下直到找着的那点的频数与相对频率：

观察	事件	B的频数	相对频率
1	G	0	0/1=0.000
2	B	1	1/2=0.500
3	B	2	2/3=0.667
4	G	2	2/4=0.500
5	B	3	3/5=0.600
6	G	3	3/6=0.500
7	B	4	4/7=0.571
8	B	5	5/8=0.625
9	G	5	5/9=0.556
10	G	5	5/10=0.500
11	B	6	6/11=0.545
12	B	7	7/12=0.583
13	B	8	8/13=0.615
14	G	8	8/14=0.571
15	G	8	8/15=0.533

就我们所列出的表上看，相对频率摆动得很厉害（在0.000与0.667范围内）．然而在此处我们只有很少的观察次数．当我们的观察次数越来越增加时，相对频率的摆动将变得越来越不厉害，同时我们能有信心期望它终归会在它的最终值0.5135周围摆动得非常小．随着观察次数的增加，相对频率逐渐显得趋于一个稳定的最终值，而不管细节的所有不可预知的无规律性．最终产生一个稳定的相对频率这种行为是典型的随机大量现象．

这种现象的任何理论的重要目标必须是预告最终稳定相对频率或长时期相对频率．我们必须考虑长时期相对频率的理论值并

将称这理论值为概率.

(1) 袋子里的球. 一个袋子装有 p 个有各种颜色的球, 其中确有 f 个白球. 我们用这种简单装置产生一种随机大量现象. 我们取出一个球来,看一看它的颜色,如果是白的就写 W,如果球有别的颜色就写 D. 再把刚才摸出来的球放回袋子里, 在袋子里把球搅和一下, 然后再取出一个来并记下这第二个球的颜色, W 或 D. 如此继续下去. 我们得到一个类似于在 § 1 所考虑过的随机序列:

$$W\,D\,D\,D\,W\,D\,D\,W\,W\,D\,D\,D\,W\,W\,D.$$

白球的长时期相对频率是多少?

让我们来讨论一种情况,其中我们能合理地预测所求的概率. 假定球是均匀的,都是精确的球形,由同一种材料所做成并有相同的半径. 它们的表面足够光滑,球的不同颜色影响其力学特性即使有也是微乎其微的. 摸球的人被蒙住眼睛或用别的办法不让他看见球. 袋子里的球的位置从一处挪到另一处不断变化,无法控制,是不能预知的. 可是处于完全控制之下的不变的情况是: 球都有相同的形状,大小和重量;对摸球的人来说,它们是不能区别的.

在这种情况之下,我们可以想到没有理由为什么一定应该拿这个球而不拿那个球,并且自然期待,最终,每个球被摸到的次数会大体相等. 我们说我们有耐性摸它 10,000 次,那末我们应该期待 p 个球中的每一个将出现大约

$$\frac{10,000}{p}\text{次}.$$

这里共有 f 个白球. 因此,摸 10,000 次中间,我们希望得到白的

$$f\,\frac{10,000}{p} = 10,000\,\frac{f}{p}\text{次}$$

这是白球的期待频数. 为了得到相对频率,我们必须用观察或摸的次数,即用 10,000 去除频数. 如此我们得到陈述: 在长期的试验中,白球的相对频率,或概率是 f/p.

选用字母 f 与 p 是沿袭概率论英文传统的表达方式．当我们取 p 个球中的一个时，我们是在选择 p 种可能情况的一种．由于 p 个球的各个条件都是相同的，因而我摸到这个或那个球的概率也是相等的．如果我们希望摸到的是白球(例如，如果我们正拿白球打赌)，那么 f 个白球对我们而言就看作是有利情况．因此我们能把概率 f/p 描述为有利情况数与可能情况数之比．

从袋子里摸出一个球，再把球放回袋子里去，摇一摇袋子，再摸另一个球，重复它 n 次似乎是一桩傻里傻气的事情．我们把时间用于研究这种幼稚的游戏是浪费吗？我不认为是这样的．按所描述的方法处理袋子与球就产生一种特别简单的看得见和摸得着的随机大量现象．从最简单最明瞭的特例开始广义化是很自然的．动力学科学的产生是在伽利略研究重物体下落的时候，概率科学的产生是在费马与帕斯卡开始研究碰运气游戏的时候，这种游戏要靠掷一个骰子，或从一副纸牌里摸出一张来，或从袋子里摸出一个球来决定．动力学的基本概念与定律能从简单的落体现象中引出来．为领会概率的基本概念我们用到袋子和球．

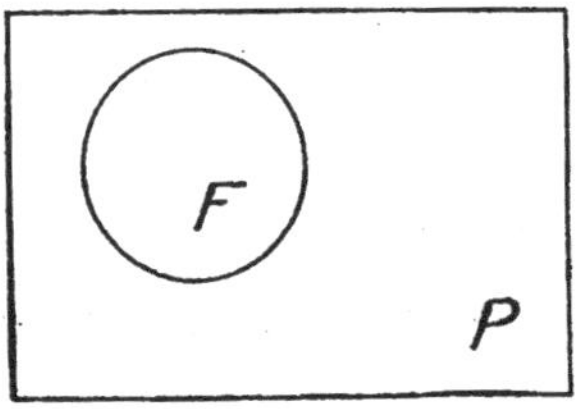

图 14.1　由雨滴定义的概率

(2) 下雨．现在回到 §1. 中的随机大量现象．地平面面积为 P，这个面的某一部分面积为 F；见图 14.1．我们观察落在这面积 P 上的雨滴，同时我们也对落在子面积 F 上的雨滴的频率感兴趣．我们想立即预告长时期相对频率：整块面积上的总雨量落到子面积上的部分将非常接近 F/P，如果雨不是很少几滴的话．换言之，打在面积为 P 的地面上的雨滴也可能打中面积为 F 的那部分地面的概率是 F/P．如果我们把下雨理想化并把一滴雨看作一个几何点，我们也能说：一个落进面积 P 的点子也可能落进子面积 F 的概率是 F/P．

在上面的陈述中我们把面积 P 的每点当作一种可能情况，同时把子面积的每点当作一种有利情况．同可能情况数一样，有利情况数也是无穷大，而且谈论无穷数的比是不会有意义的．然而，我们可以把一个面的面积看作是对包含在此面内的多个点的测度．应用这个术语，我们能把概率 F/P 描述为有利情况的测度与可能情况的测度之比．

§3. 用袋子和球

在研究静力学基本原理时，拉格朗日（Lagrange）曾用适当的滑轮系统代替任意力系统．根据拉格朗日理论（此处不需要其详情[1]），任何平衡状态应看作是把各滑轮矫正到平衡了的适当组合．概率计算能按类似方法估计；事实上，这门科学的早期历史提出了这种观点．由这种观点看来，任何概率问题好像可以与一个装球的袋子的适当问题相比拟，而任何随机大量现象在某些本质方面看作类似于从一组适当组合的袋子中连续取球．让我们用几个简单例子来解释这点．

（1）代替掷一个均匀硬币，我们可以从一个只装两个球的袋子里摸一个球，给其中之一作一个记号 H 而另一个作记号 T（正面与反面）．代替掷一个不偏重的骰子，我们可以从一个恰好装六个球的袋子里摸一个球，分别给球标上 1，2，3，4，5 或 6 个点子作记号．代替从一副纸牌中摸出一张，我们可以从一个装 52 个球的袋子里摸一个球，给球标上适当的记号．以适当的方法用装球的袋子代替硬币，骰子，纸牌和其他类似的东西似乎是直观清楚的，我们没有改变普通碰运气游戏的那种成败机会．至少，我们没有改变这些游戏的那个理想化方法的机会，在这种方法里所用的东西（硬币，骰子，等等）应该是完全对称的，一致的，某些基本机会完全是同等的．

（2）希望研究新生婴儿中男孩与女孩的分布的随机性，我们可以从装有 515 个标有记号 B，485 个标有记号 G 的 1,000 个球的袋子里连续摸取来模拟真实的大量现象．当然，这种模拟是理

1）见 E. 马赫，《力学》（E. Mach, *Die Mechanik*），59～62 页．

论的，并且正如每一种理论非这样不可，它是试验性的和近似的．然而妙在袋子和球能使我们明确地表达理论．

(3) 气象学家连续登记某个地区的雨天和无雨天．他的观察似乎证明，从整体来看，每天倾向于与前一天相似：无雨天接上无雨天似乎要比接上雨天更容易，类似地，雨天接上雨天似乎比接上无雨天更容易．当然，可靠的规律只是在一长串观察中显示出来；细节是无规律的，似乎是随机的．

气象学家会希望更清楚地表达刚才概述的他的想法．如果他希望借助于概率去清楚地表达理论，他可以考虑用三个袋子．每个袋子装上相同数量的球，譬如说是1,000个吧．其中一些是白的，其它是黑的(白的表示无雨，黑的表示有雨)．然而在各袋子之间有重要区别．每个袋子标有一个使摸球的人容易看见的记号，一个袋子标上"开始"，另一个标上"继白的之后"，而第三个标上"继黑的之后"．在各袋子里不同颜色的球的比例是不同的．在每个袋子里白球与黑球的比例近似于不同情况中观察到的无雨天与雨天的比例．在标有"开始"的袋子里比例是全年无雨天与雨天的比例，在标有"继白的之后"袋子里比例是无雨天与一个继无雨天之后的雨天的比例．而在标有"继黑的之后"袋子里比例是无雨天与一个继雨天之后的雨天的比例．因此，"继白的之后"袋子装的白球比"继黑的之后"袋子里的多．连续地从袋子里把球摸出来，看一看每个球的颜色，再把它们放回原来的袋子里．"开始"袋子只用一次，摸第一个球．如果第一个球是白的，就从"继白的之后"袋子里摸第二个球，但是倘若第一个球是黑的，第二个球就从"继黑的之后"袋子里摸，如此等等，刚摸出来的球的颜色决定下一个球该去哪个袋子里摸．

正是这个在被描述的情形中连续摸白球与黑球的理论相当近似地模仿无雨天与雨天的连续．然而，从表面上看，这理论并不显得不恰当．无论如何，这种理论，或者其他类似的理论应该和观察结果相近似．

(4) 找出随便哪篇英文文章(如果你愿意，就从莎士比亚作品里找)同时用V去替换每个a, e, i, o, u, y字母,而用C去替换剩下的20个字母.(V的意思是元音字母,C的意思是辅音字母.)你得到一个样本如

$$C\ V\ C\ V\ V\ C\ C\ V\ C\ C\ V\ C\ V\ C\ C$$

这个没有规律的序列在某种程度上同前面(3)段所讨论的序列正好相反:前例中每一天倾向于同前一天一样,但此例中每个字母倾向于同前一个字母不一样.还有,我们可以用连续地从标有与前(在(3)段中)相同记号的三个袋子里摸黑球与白球的办法仿造元音与辅音序列,然而白球与黑球的比例不应该同前面一样.为了逼真地仿造元音与辅音序列,"继白的之后"袋子里装的白球必须比"继黑的之后"袋子里的少.

(5) 有两个袋子.第一个袋子里装p个球,其中有f个白球.第二个袋子里装P个薄片筹码,其中有F个白筹码.我用两只手同时往两个袋子里摸,左手摸一个球,右手摸一个筹码.知道球和筹码都是白的概率是多少?

当然,我们可以把这种幼稚的试验重复它足够多次,也许一千次吧,因而得到一个所要求的概率近似值.可是我们也能试着估计它,并且那更有趣.

两个同时摸的结果是由一个球和一个筹码组成的"一对".有p个球和P个筹码.由于随便哪个球能和随便哪个筹码配成对,就有pP个可能的对;把它们列在图14.2内.那里$p=5, f=2, P=4, F=3$.没有理由只要p个球的某一个而不要别的那个,或者只要P个筹码中的某一个而不要别的那个.似乎是没有理由只要pP对的某一对而不要别的那对.事实上,在用两个袋子做试验的时候,我应该随机地乱摸一气,那样每只手摸到的就与另一只手摸到的无关."别让你的左手知道你的右手在干什么."我用左手摸球的机会要受用右手摸筹码的影响,这似乎是不可信的.为什么第一个筹码必须比第二个筹码更能吸引第一个球呢?

所以,我们能想像一个装有pP个机械特性无法区别的物件的袋子(每个物件是一对,一个球与一个筹码相连);一只手往这一个

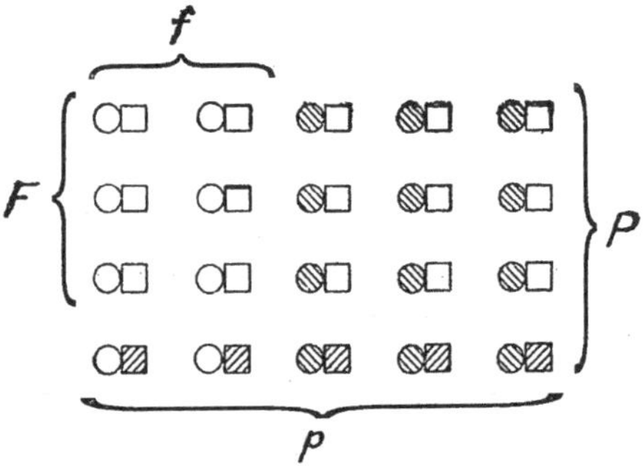

图 14.2 独立事件

袋子里去摸与一开头描述的两只手同时往两个袋子里去摸好像是等价的. 我们有那 pP 种可能情况;剩下的是找有利情况数. 一看图 14.2 就知道由一个白球与一个白筹码所组成的有 fF 对. 所以我们得到所求的概率值, 它是

$$\frac{fF}{pP}=\frac{f}{p}\cdot\frac{F}{P}$$

两个概率的积. 事实上, f/p 是从第一个袋子里摸出一个白球的概率, 而 F/P 是从第二个袋子里摸出一个白筹码的概率.

关于球与筹码的本质的一点是摸一个并不影响摸另一个的机会. 按概率演算的一般术语来说,这种事件被称为彼此独立;两个事件的连接事件被看作一个组合事件. 前面想法诱导出一条规则: 倘若这些组成事件是互相独立的, 则组合事件的概率是组成事件概率的积.

§ 4. 概率演算. 统计假设

正如我们看到的,概率论是自然界研究的一部分,是随机大量现象理论.

物理科学的最惊人成就是能事先进行预报. 天文学家精确地预报日蚀与月蚀,行星的位置,逃避开人们的观察有好几年之久的彗星的返回. 一位伟大的天文学家(勒韦里埃 (Leverrier)) 甚至成功地预测了一颗行星(海王星)的位置, 而在此之前这颗行星的确切存在是人们所不知道的. 概率论能从具有一定数量的、其中包括有某些成功数量的现象中预报出它们的各自频率.

天文学家们把他们的预报建立在以前的观察,在力学定律,即引力定律及冗长而困难的计算的基础上. 物理科学的任何一个分支把它的预报建立在某种理论或可以说是某种猜想的基础上，由于没有一种理论是确实的,因而每种理论是多少有点合理的,多少值得支持的猜想. 为了试图由概率论预报某种随机大量现象的频率，我们必须做关于现象的某种理论假设. 这种必须借助于概率概念表达的假设被称为统计假设.

当我们应用概率论时,必须计算概率(乃是相对频率的理论上的近似值). 当我们试图求概率时,我们得解一个问题. 这个问题的未知量是所要求的概率. 然而,为了确定这个未知量,我们需要数据与问题的条件. 这些数据通常是概率，而未知概率与给定概率的关系所依赖的条件构成统计假设.

由于在概率论的应用中概率计算扮演一个突出的角色，这种理论通常被称作概率演算. 那末，概率演算的目的在于计算以给定概率与给定统计假设为基础的新概率.

希望精心读这一章余下部分的读者必须或者懂得概率演算原理,或者承认由这些原理所导出的某些结果. 多数情形,正文将只叙述这些结果而不予推导;推导将在后面给出,即在这章后头练习与注释的第一部分及相应的题解之中给出. 可是即使读者不检验结果的推导,他也应当能看懂下面理论上的假设. 我们能把这种假设弄得直观易懂: 正如前面 § 3. 所讲过的在适当的条件下考查从装得相当满的袋子里摸取的一样,我们用以比拟随机大量现象.

概率演算的应用有无穷多种. 这章的后面几节试图用相当初等的例子来解释应用的主要类型. 重点放在这些应用的动机上，亦即着重于有关合理方法选择上的一些最基本的考虑.

§ 5. 频率的简单预告

概率演算在其历史的一开头，本质上就是一种碰运气游戏的理论. 可是直到现代，这种理论的预报在实验上并没有在大范围试过. 我们就以讨论这类实验开始吧.

(1) 威尔顿 (W. F. R. Weldon) 曾把 12 粒骰子掷了 26,306 次，记下了每次这 12 粒骰子中多少粒出现多于 4 点[1]. 这个观察结果列在表 I 第 (4) 列内；(1) 列表示在 12 粒骰子中间出现 5 或 6 点的骰子数目. 用这种方法统计的结果表明，在 26,306 次试验中，所有 12 粒骰子都出现多于 4 点的情况一次也未曾发生过. 最经常的情况是 12 粒骰子当中有 4 粒显出 5 或 6 点；这碰到过 6,114 次.

表 I

(1) 5或6的数目	(2) 超过 I	(3) 预报 I	(4) 观察	(5) 预报 II	(6) 超过 II
0	+18	203	185	187	+2
1	+67	1216	1149	1146	−3
2	+80	3345	3265	3215	−50
3	+101	5576	5475	5465	−10
4	+159	6273	6114	6269	+115
5	−176	5018	5194	5115	−79
6	−140	2927	3067	3043	−24
7	−76	1255	1331	1330	−1
8	−11	392	403	424	+21
9	−18	87	105	96	−9
10	−1	13	14	15	+1
11	−3	1	4	1	−3
12	0	0	0	0	0
总计	0	26,306	26,306	26,306	0

理论怎样能预报像列在表 I (4) 列的观察数呢? 如果我们假定骰子是“公平的”并且用不同骰子，或在不同次中用同一粒骰子做的试验是彼此独立的，我们就能计算出有关的概率. 在我们的假设之下 (当然被称作“统计假设”) 12 粒骰子中正好 4 粒必须显

1) «哲学杂志» (*Philosophical Magazine*) 第 5 辑，50 卷，1900，167～169 页；在卡尔·皮尔逊(Karl Pearson) 的论文里.

示 5 或 6 点的概率是

$$P = 495\left(\frac{1}{3}\right)^4\left(\frac{2}{3}\right)^8 = \frac{126,720}{531,441}.$$

现在，按定义，概率是长时期相对频率的理论值. 如果概率为 P 的事件本身在 n 次试验中出现 m 次，显然有

$$\frac{m}{n} = P \qquad \text{近似地},$$

或

$$m = Pn \qquad \text{近似地}.$$

因此，我们可以期望在 $n = 26,306$ 次试验之中，掷出的 12 粒骰子中正好有 4 粒会出现 5 或 6 点大概有

$$Pn = \frac{126,720}{531,441} \times 26,306 = 6,273$$

例. (注意，我们能在试验开始前算出这个数 6,273.) 现在，这个预报值 6,273 似乎与观察数 6,114 相差得并不"太远"，所以我们对概率论的实用性的第一个印象会是十分良好的.

数 6,273 被列在表 I (3) 列的适当位置上，在 (1) 列数 4 的同一行里. (3) 列的所有数都是用类似方法计算出来的. 为了更方便地把 (3) 列的预报数同 (4) 列的观察数相比较，我们在 (2) 列中列出它们的差 (预报值减观察值). 把它们的意思记在心上，我们通观 (2), (3) 与 (4) 列. 试验与理论的一致性令人满意吗? 观察值充分地接近预报值吗?

显然，(3) 列与 (4) 列之间有某种一致性. 两列数总的方面是相同的: 在同一点(在同一行里)达到最大值并且两列中的数完全一样，先是增大到最大然后稳定地减小到零. 在多数情况里观察值偏离预报值相对来说显得是小的; 一看就知道一致性十分良好. 然而，在另一方面，试验次数 26,306 看来是非常之大了. 由这样大量试验的观点来看偏差是足够小了吗?

这似乎是不错的问题. 然而我们不能马上回答它; 在我们再懂得多一点之前还是把它搁置起来为好; 看 §7 (3) 段. 然而没有任何专门知识，就用一点儿常识，我们完全能从表 I 引出鲜明的结论. 关于 (3) 与 (4) 列物理学家可能容易注意到下面一点. 差被

列在 (2) 列，这些差中的一些是正的，另一些是负的. 如果这些差是随机分布的，那末 +、一 号应该是无规律地掺合起来的. 然而，事实上 +、一 号明显地被分开了：直到某点为止理论值偏大，从这点再往后它又偏小. 在这种情况里，物理学家称之为理论与试验的系统偏差并且他把这系统偏差看作理论的重大缺陷.

所以在概率论与起初看来是十分好的威尔顿的观察之间的一致性，渐渐像是很不好了.

(2) 然而谁应该对系统偏差负责? 理论值是按照建立在某种假设，即"统计假设"基础上的概率演算规则算出来的. 我们不能责怪演算规则；罪过可能归因于统计假设. 事实上，这个统计假设有个弱点：我们假定了试验中所用的骰子是"公平的". 当绅士玩骰子赌博时，他们必须假定骰子是公平的，但对博物学家来说那样一种假设是毫无道理的.

事实上，让我们来考察物理学家的例子. 伽利略发现了落体定律，今天我们用常用符号写成方程：

$$s = gt^2/2,$$

s 表示空间(距离)，t 表示时间. 更精确地，伽利略发现了 s 对 t 的依赖形式：距离与时间 t 的平方成比例. 可是他没有做出关于成为比例因子常数 g 的理论上的预报；可以用实验方法找出 g 的适当值. 在这方面，正如在许多其他方面一样，自然科学是遵照伽利略的例子的；从无数例证中，理论提供了自然法则的一般形式，而法则的数学表达式中的常数值则必须用实验方法来确定. 在我们的例子里也是用这种方法.

如果骰子是"公平的"，6 个面之中没有哪一个面比其他各面更特别一点，于是掷 5 或 6 点的概率是

$$\frac{2}{6} = \frac{1}{3}.$$

如果骰子是不公平的，则掷 5 或 6 点的某一概率可以是不同于 1/3 的 p. (可是用普通骰子并不十分不同. 不然我们必须把骰子看作容易掷出 6 点的"铅心骰子".)我们把 p 取作由实验确定了的

常数．那么现在，我们修改原先的统计假设：我们假定所有12粒使用的骰子有相同的出现 5 或 6 点的概率 p．（当然，这是个简单而且相当任意的假设．我们不能相信它确实是真的；我们只能希望它不至于太不真实．实际上骰子精确地均匀是不可能的，但是它们可以只是稍微有所不同．）我们让前面的统计假设的其他部分保持不变（不同的骰子与不同的试验被看作是独立的）．

在这个新统计假设基础上我们能把对应于列在表 I（4）列的观察值的理论值再定出来．例如，对应于观察数 6,114 的理论值是

$$495p^4(1-p)^8 26,306,$$

它由 p 来定，同时对应于（4）列的其他数的理论值也由 p 来定．

剩下来的是由试验来确定我们正在审定的 p．我们不能希望由实验方法能很精确地确定 p，而只能以某个适当的近似程度确定 p．如果我们暂时改变立脚点而把掷单个骰子作为试验，做了

$$12\times 26,306=315,672$$

次试验；这是一个非常大的数．"5 或 6 点"事件的频率能容易地由表 I（4）列导出．我们找着作为相对频率值

$$\frac{106,602}{315,672}=0.3376986;$$

我们把由非常多次试验所得的相对频率当作 p 值．（我们假定那样一个 p 值略高于 1/3.）

只要 p 一经选定，我们就能算出对应于观察频率的理论值．这些理论值列于表 I（5）列．那末（3）与（5）列给出对应于同一个观察值，但在不同的统计假设之下算出来的理论值．事实上，两种统计假设只是 p 取值不同；（3）列用 $p=1/3$，（5）列用稍高于由观察得来的值．（（3）列可以在观察之前算出，但对（5）列不能．）（5）列与（4）列对应项之间的差列于（6）列．

还有一点疑问是（5）列的理论值适合观察值要比（3）列的那些值好得多．在绝对值上，（6）列的差，只有一个例外，其余都小于或等于（2）列的差（只有三种情况是等于，多数情况是小得多）．

与(2)列相反,在(6)列里 +、一 号是掺合在一起的,因此没有理由怀疑出现(5)列的理论值与(4)列的实验数据之间的那种系统偏差.

(3) 由前面例子判断，概率论似乎十分适合于所描述的像骰子那样的赌博策略所产生的大量现象. 如果概率论不适合于任何其他事情,它也就不会引起那样大的注意. 因此,让我们再来考虑一个例子.

正如审慎的瑞士官方统计部门所报告的，在瑞士从1871到1900的30年间确有300个三胞胎分娩. (亦即生出900个三胞胎儿,说到分娩,我们以母亲计算，而不是指婴儿.) 在同一时期同一地理单位所有分娩数(其中有些是三胞胎，有些是双胞胎，当然多数只是生一个孩子)为2,612,246. 那末，此处我们就有一个相当规模的大量现象,但是所考虑的事件，三胞胎出生，是一种**罕见事件**. 每年分娩的平均数是

$$2,612,246/30=87,075,$$

三胞胎分娩的平均数只有

$$300/30=10.$$

当然，事件发生次数有的在一些年里多于平均数10,在另一些年里则小于平均数10,而在一些年里恰好为10. 在表II(2)列中给出有关详情. 在那里(在第1列有10的那一行里)我们看到在所考虑的期间内确有4年,在此4年里每年确有10次三胞胎分娩. 正如同一个(2)列所表示的,在这期间没有一年这种分娩少于3次，没有一年多于17次，而且这个最大数17与最小数3只是各自出现过一年.

(2)列中的数看起来以某种偶然方式分散着. 但是，值得注意的是经过概率演算却能使显得不规则样子的(2)列中的观察数同遵照简单定律通过计算所得的理论数相符合,这点是很有趣的;详见(3)列. 由检查判断,(2)列与(3)列的一致性似乎并不坏;除去两种情况,两数即观察数与理论数之间差的绝对值小于1. 只有两种情况是例外(在第1列里有7与8的行里),其差的绝对值大

表 II. 1871～1900 瑞士出生的三胞胎

(1) 分娩数	(2) 观察年数	(3) 理论年数	(4) (2) 累计	(5) (3) 累计
0	0	0.00	0	0.00
1	0	0.00	0	0.00
2	0	0.09	0	0.09
3	1	0.21	1	0.30
4	0	0.57	1	0.87
5	1	1.14	2	2.01
6	1	1.89	3	3.90
7	5	2.70	8	6.60
8	1	3.39	9	9.99
9	4	3.75	13	13.74
10	4	3.75	17	17.49
11	4	3.42	21	20.91
12	3	2.85	24	23.76
13	2	2.16	26	25.92
14	1	1.59	27	27.51
15	2	1.02	29	28.53
16	0	0.66	29	29.19
17	1	0.39	30	29.58
18	0	0.21	30	29.79
19	0	0.12	30	29.91

于 2.

有一个办法能使我们稍微更好地判断两列数的一致性. 表 II (4) 列包括了 (2) 列数的“累加”数. 例如，考虑在第 1 列有 7 的那行；它在 (2) 列里有 5，在 (4) 列里有 8. 现在

$$8 = 0 + 0 + 0 + 1 + 0 + 1 + 1 + 5;$$

亦即，8 是 (2) 列中包括从头开始直到 5 的各行的所有数的和或“累加 . (换言之，8 是这期间三胞胎分娩数未超过 7 的年数.) (5)列包括(3)列的“累加”数，因此(4)列与(5)列相似地分别由(2)列的观察数与 (3) 列的理论数得来. (4) 列与 (5) 列之间的一致性看来是极好的. 只除去一种情况以外，其差的绝对值都小于 1，

而这例外情况其差的绝对值还小于 2.

§6. 现象的解释

同概率概念有关的思想在现象的解释中起着重要作用，并且适合任何科学，从物理学到社会科学所处理过的现象都适合. 我们考虑两个例子.

(1) 由于用植物杂交方法做试验，格雷戈尔·孟德尔 (Gregor Mendel) (1822—1884) 成为一门新科学即遗传学的创始人. 顺便提一句，孟德尔是摩拉维亚 (Moravia) 男修道院的院长，并且在他的修道院花园里完成他的试验. 他的发现虽然十分重要却是非常简单的. 为了把它弄明白我们只需要描述一个试验及概率的直观想法就行了. 为了使事情再容易些，我们将不讨论孟德尔自己的一个试验，而是他的一个学生所完成的试验[1].

在两株关系密切的植物(同属不同种)中一株开白花而另一株开稍微深红色的花. 两株植物的关系是如此之近以致于它们能彼此受粉. 由这种杂交所得到的种子发育成有中间特征的杂种植物：杂种开粉红色花. (在图 14.3 里红色用较浓阴影表示，粉红色用不浓的阴影表示.) 如果杂种植物被允许变成自受粉的，结出的种子发育成植物的第三代，这第三代中的所有三种表示为：有开白花的，有开粉红花的，有开红花的. 图 14.3 以略图描画了三种后代之间的关系.

然而现象的最显著的特征是比例数，三种第三代植物是按这比例数培植出来的. 在所描述的试验里，发现有 564 株第三代植物. 在它们中间，像它们的祖辈的一个或另一个的那两种植物大概是相等的两群：开白花的第三代有 141 株，开红花的第三代有 132 株. 可是像杂种父辈的植物是更大的一群：开粉红花的第三代有 291 株. 我们能方便地在图 14.3 中看到这些数字. 我们容易注意到这些由试验所给的数字近似于一个简单的比例

1) 是考兰斯 (Correns) 作的；见 W. 约翰逊，《精确遗传性原理》(W. Johannsen, *Elemente der exakten Erblichkeitslehre*), Jena, 1909, 371 页.

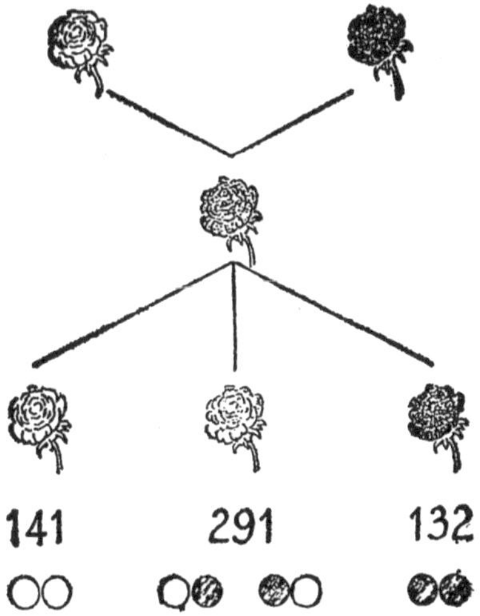

图 14.3 孟德尔试验的三代

141:291:132 几乎像 1:2:1.

这简单的比例引出一个简单的解释.

让我们从头说起. 从把两种不同植物杂交的试验做起，任一开花的植物产自两个生殖细胞的结合(一个胚珠与一粒花粉). 第二代的开粉红花的杂种产自两个不同世系的生殖细胞. 由于第三代的开粉红花的植物与第二代的那些相像，自然假定它们也是由两个不同种的生殖细胞类似地产生的. 这引导我们去猜想第二代开粉红花的杂种有两个不同种的生殖细胞. 然而，由于作出这个猜想，我们可以发觉解释混合子孙的概率. 事实上，让我们看得更清楚些，如果第二代开粉红花杂种确有我们可以称为"白的"和"红的"细胞的两个不同种的生殖细胞会发生什么. 当两个这样的细胞被结合时，结合可以是白的同白的，或红的同红的，或一种颜色同另一种颜色相结合的，而且这三种不同的结合可能解释第三代的三种不同植物；见图 14.3.

看过这段话之后，解释比例数就不难了. 真正观察到的比例 141:291:132 同简单比例 1:2:1 的偏差看作是随机的. 亦即它像是观察概率同实际概率的偏差. 这使我们疑惑两种细胞的概率是多少，或者“白的”与“红的”细胞是按哪个比例产生的． 由于在第三代里开白花的植物同开红花的植物差不多一样多，我们忍不住要试做一件最简单的事情：假定开粉红花的植物按相同数量产生“白的”与“红的”生殖细胞． 最终，我们几乎不得不把两个生殖细胞的随机相遇同随机摸两个球相比较，因而我们得到下面的简单问题．

有装白球与红球的两个袋子，球没有任何其他颜色． 每个袋子装的白球恰好同红球一样多．我用两只手往两个袋子里去摸，从每个袋子里摸出一个球来． 找出摸到两个白球，两个不同颜色的球及两个红球的概率．

易知(参见 §3 (5) 段)，所求的概率分别是

$$\frac{1}{4},\ \frac{2}{4},\ \frac{1}{4}.$$

现在我们领悟到一个关于比例 1:2:1 的简便理由，这个比例似乎构成观察数的基础，这样做之后，我们就非常接近于孟德尔的基本概念了．

(2) 随机大量现象的概念在物理学中起重要作用．为了解释这种作用，我们考虑化学反应的速度．

根据比较粗糙的观察就足以提出化学反应速度依赖于反应物质的浓度．(我们说物质的浓度的意思是单位体积内它的含量．) 这种化学反应速度对反应物的浓度的依赖早就被人们认识了，但是这种依赖的数学形式的发现却晚得多． 1850 年威尔海尔密 (Wilhelmy) 看到一个重要的特例，1867 年两个挪威化学家．伽尔伯格 (Guldberg) 与瓦奇 (Waage) 发现了一般定律．现在我们用特例并尽可能简单地概述导致伽尔伯格与瓦奇发现的某些想法．

我们考虑双分子反应，也就是说，两种不同物质，A 与 B，参予反应，这种反应的结果是第一种物质 A 的一个分子与第二种物质 B 的一个分子相结合．物质 A 与 B 被溶于水，同时在溶液里发生化学变化． 由反应所得的物质不再参与化学作用；变成某种形式的惰性物质．例如，它们可以是不溶于水的并以固体形式沉淀．

溶液由极多的分子组成，化学反应就发生在溶液里．按照物理学家们的想法（物质的动力学说）这些分子处于剧烈的运动状态，以各种速度，有些以很高速度运动，并且时常碰撞．如果分子 A 同分子 B 相撞，两个分子就会给缠住以致于它们交换若干原子：我们想像，我们所感兴趣的化学反应就是由这样一种交换组成的．也许为了这种交换必须使分子以高速碰撞或在它们碰撞的一刹那分子按彼此适当的位置排列．总而言之，分子 A 与分子 B 碰撞的次数越多，这两个分子化合的机会就越多．化学反应的速度也越快．因此使我们得到一个猜想：反应速度与分子 A 与分子 B 之间碰撞次数成比例．

我们不可能精确地预知这种碰撞次数．在我们面前有一种像下雨一样的随机大量现象．回想起图 14.2；在那里我们也不能精确地预知有多少雨滴会打在面积 F 上．然而我们可以预知打在面积 F 上的雨滴数会与落在整个面积 P 上的雨滴数成比例．（正如§ 2(2)接近末尾处所讨论过的比例是近似的，且比例因子是 F/P.）类似地，我们能预知我们感兴趣的（任一分子 A 与任一分子 B 之间）碰撞次数将与分子 A 的数目成比例．当然，它也与分子 B 的数目成比例，因而最终与这两个数的积成比例．可是物质的分子数与物质浓度成比例，于是我们的猜想导致下列陈述：反应速度与浓度积成比例．

我们得到了伽尔伯格与瓦奇所发现的大量化学作用的一般定律的特例．这是适合于所考虑的特殊情况的特例．在大量作用定律的基础上我们可以计算任何给定时刻的反应物质浓度并预告反应全过程的趋向．

§ 7. 判断统计假设

我们从一件轶事开始吧[1]．

(1) "一天在那不勒斯（Naples），教士伽利亚尼（Galiani）看

1) J. 柏特兰特，《概率运算》，(J. Bertrand, *Calcul des probabilités*), VII～VIII 部分．

见一个来自巴西利卡塔（Basilicata）的人，他一边摇着装在杯子里的三粒骰子，一边打赌说他能掷出三个六点来；而事实上，他马上就掷了三个六点出来．也许你会说，可能这是一种侥倖．可是这人又打了一次赌，接着摇第二次．他把骰子放回杯子里，三次，四次，五次，而且每次他都掷出三个六点来．'酒神的血'，*) 教士大声喊着'骰子里装上铅了！'并且真有．可是为什么教士用不敬之词？"

伽利亚尼教士此时获得一个十分重要类型的合情推理结论．如果他凭一时冲动自己发现这个合情推理的重要类型，他的激动是完全可以理解的，并且我个人不会责怪他的温和的不敬之词．

正确的作法是在有某种确实的反证之前，应把每个人都当作绅士来对待．完全类似地，在做碰运气游戏时，正确的作法应该是在公正地进行比赛的假定之下进行．我相信教士是做得正确的．一开始他曾经是假定来自巴西利卡塔的人会有公平的骰子并能公正地使用这些骰子．正确地用概率术语来说，这样一个假定是出自一般统计假设．一个统计假设一般地是假定某些概率值．因此，教士一开始曾有过某种意义上比较明确的概念，即曾假定被装在杯子里的任何一粒骰子将以 1/6 概率出现六点．（在此处我们确有同 §5（1）中一样的统计假设．）

概率演算能使我们从给定统计假设基础上由给定概率算出期望概率．因此，在教士开头所采取的统计假设基础上，我们能算出用三粒骰子掷出三个六点的概率；它是

$$\left(\frac{1}{6}\right)^3=1/216,$$

一个相当小的概率．重复这种玩艺儿两次的概率，亦即在第一次试验时掷出三个六点，而在下一次试验时又掷出三个六点的概率是

$$(1/216)^2=(1/6)^6=1/46,656,$$

事实上是一个更小的概率．可是来自巴西利卡塔的那个人把同样

---

*) 这是一句骂人的话．——译者注

惊人的事情一直重复五次．让我们列出相应的概率表来：

直重次数	概率
1	$1/6^3=1/216$
2	$1/6^6=1/46,656$
3	$1/6^9=1/10,077,696$
4	$1/6^{12}=1/2,176,782,336$
5	$1/6^{15}=1/470,184,984,576$.

也许教士采用他的初始假定仅仅是出于礼貌，他盯着来自巴西利卡塔的人的时候也许已经疑惑骰子是否公道．在接连两次出现三个六点之后教士仍然保持沉默，那个在初始假定之下的事件必定出现的机会常常不会比在 50,000 次试验中出现一次的机会多得多．他甚至更久地保持沉默．可是，由于事件变得越来越不可能，达到并且也许超过人们把它们看作不可思议的那种不可能的地步，于是，教士终于失去耐性，得出结论，并否定他的初始假定，从而他使劲地嚷起来．

（2）我们刚才所讨论的轶闻只在一个方面是有趣的：它具有典型性．它清楚地说明在某些情况下我们可以合理地推翻一种统计假设．从统计假设的观点常会看出某事件是不可能出现的，而从这种不可能事件中得出的结论尤其具有特殊意义．我指的是上述从统计假设的基础上计算出来的概率是非常小的事件．现在我们来看看试验：我们来观察一个能产生被认为确实是不可能的事件的试验．尽管算出来的事件的概率是低的，如果它确实发生了，它就提供了一个强有力的论证反对所提出来的统计假设．事实上，我们发现很难相信会发生那种非常极端事件．然而，无可否认地，事情真的发生了．那末我们体会到任何概率是在某个统计假设的基础上算出来的并且开始怀疑那种小概率计算的基础．因此就出现反对作为统计假设基础的论证．

（3）同伽利亚尼教士一样，当我们审查在 §5 (1) 讲过的广泛的观察的时候，我们也感到不得不推翻公平的骰子的假设；然而，我们推翻它的理由不像他的那样尖锐．按照前面的讨论我们能找到更好的理由吗？

这里有事实：用一付骰子掷出五或六点的315,672次尝试中有106,602次是成功的；见§5（2）．如果所有被掷的骰子都是公平的，那末成功的概率会是1/3．因此，在315,672次试验中我们应该指望大约有

$$315,672/3=105,224$$

次成功．那么，观察数偏离期望数

$$106,602-105,224=1,378$$

单位．这样的偏差是表明还是反对骰子是公平的假设呢？我们应该把偏差1,378看作是小还是大？这样的偏差的概率是高还是低？

最后一个问题似乎是一个很有意思的问题．可是我们还需要对一个简单然而却是重要的词，即“这样的偏差”中的“这样”一词作定量分析的解释．如果知道我们将要计算的概率是很低的，我们将推翻这种统计假设．可是偏差如果精确地等于1,378单位的概率的话，那么无论如何是十分小的——即使偏差精确地等于0的概率也会是十分小的．因此，我们必须考虑绝对值同观察偏差1,378一样的或比它大的所有偏差值．因而我们的判定要由下面问题的解来定：假定成功的概率是1/3及试验是独立的，求出在315,672次试验中成功次数必须不是大于106,601就是小于103,847的概率．

用很少的一点概率演算知识我们即可求出所求的概率近似地为

$$0.0000001983;$$

这意味着在一千万次中有少于二次机会．也就是说，如果统计假设被理解为构成概率计算的基础的话，那末看来极不可能的事件发生了．我们发现很难相信会发生这样的事件．因此构成骰子是公平的假设看来极不像是真的．我们已经在§5（1）看到过一个推翻骰子是公平的假设的好理由，但是现在看到一个更好，更清楚的推翻它的理由．

(4) 某个统计假设认为是小概率的事件的实际发生是一个反对那个假设的证据，并且这种概率越小，其证据越显得强有力.

为使这个最重要论点具体化，让我们考虑一个序列

$$\frac{1}{10}, \frac{1}{100}, \frac{1}{1,000}, \frac{1}{10,000}, \cdots.$$

一个统计假设蕴含着某事件的概率为 1/10. 事件发生了. 我们应推翻假设吗？在通常情况下，我们中的多数人不会感到有推翻它的必要；反对假设的证据还没有显得足够强. 如果另一个统计假设认为概率为 1/100 的事件发生了，推翻假设的刺激变得更强了. 如果概率被断定为 1/1,000 的事件又发生了，于是反对假设的证据就更强了. 如果统计假设认为事件的概率为

$$\frac{1}{1,000,000,000},$$

或在 10 亿次中有一次机会，可是事件依然发生了，尽管这时并不存在从逻辑上应推翻这个假设的必然性，但是几乎每个人都会把假设当作完全是不可信的. 然而，如果序列不断地继续下去，因此事件一个接着一个发生，统计假设认为这些事件的概率稳定地减小下去并趋于零，对每个按常理思考的人来讲一个关键时刻迟早会发生，即此时假设产生出看来是愈来愈不可能的结果而使得假设维持不下去，他感到有理由推翻假设. 而这一点正是伽利亚尼教士的故事巧妙地提出来的. 第一次掷出三个六点的概率是 1/216；接连五次每次都掷出三个六点的概率是 1/470,184,984,576.

如果我们采用概率论是自然研究的一部分的观点，前面的讨论对我们来讲就具有特殊重要性. 任何自然科学必须反复观察. 因此，它必须采用设法写明细节的法则，借这些细节来说明它的陈述是怎样被试验证实或驳倒的. 我们恰好为概率论做了这一点. 我们描述了一些细节，借助这些细节我们能合理地把一个统计假设看作实际为观察所驳倒. 另一方面，如果一个统计假设虽然经历几次驳倒的机会可还是存留下来，我们就认为它在一定条件下是肯定了的.

（5）正如§2.所定义的，概率是长时期相对频率的理论值．前面讲的给了我们一个机会去认识一件新事情．首先，这样一个理论值当然依赖于我们的理论，依赖于我们的初始假设，依赖于所采用的统计假设．其次，这样一个理论值与实际值会是十分不同的．

我们可以通过一种适当的表示法来澄清我们的想法．设 P 是在某个统计假设 H 基础上算出来的一个事件 E 的概率．那末 P 依赖于 E 及 H．（事实上，我们可以用明确的符号 $P(E,H)$ 代替 P，它强调 P 对 E 及 H 的依赖性．）

在前面的一些应用里我们当然认为假设 H 是真的（至少暂时是）并在 H 的基础上算 P，我们试图预告事件 E 的观察频率．然而，在本书的这一段里，我们向另一个方向上去继续探究．在观察了事件 E 之后，在统计假设 H 的基础上我们算出 P，由所得的 P 值，我们试图判断假设 H 的可靠性．在此，我们发觉 P 的新的一面，即 P 越小，我们越感到有推翻假设 H 的倾向，亦即对我们来说，假设 H 也越显得更不像是真的：因为 P 指示假设 H 的可能性．以后我们将说 P 是统计假设 H 的似然性，其根据是由已经观察到的事件 E 的事实判断所得来的．

这个在本质上同统计学家的用法一致的术语强调 P 对事件 E 与统计假设 H 的依赖性的某个方面．我们原先的术语着重在同一个依赖的补充方面：P 是在统计假设 H 的基础上算出来的事件 E 的概率．

为使我们确信双重术语的优越性胜过它的危险性就有必要做一些应用它的练习．

§8. 在统计假设之间进行选择

下面例子会提供一个在统计学研究中最早确定的概率论应用的方向．

（1）一个消费者从生产者那里大批地购买某种商品．消费者是大户，大批发商或厂商，或政府代办．生产者也是个大厂主并大规模地制造所讨论的问题中的商品．商品可能是钉子，或把手，或别的什么制品；一个有趣的例子是用来引爆弹药或爆炸装置里的引信．商品必须适合某种规格．例如，钉子必须既不超过 2.04 吋也不短于 1.96 吋，对它的粗细也必须作出类似的规定，也许还指定最小折断强度；引信的燃烧时间也要有相应规格，等等．不合规格的商品被当作次品．即使最精心地制造的一批中也会有一小部分次品．因此在商品从制造者转到消费者手里以前全部都得经过检验．全部商品可以逐个检验，也就是说，全部商品中的每一件都得检验一下它是否适合大家都同意的规格．对量大如 10,000 枚钉子来说这种逐个检验是行不通的，并且不要说大量引信，即使少量也是可笑的．为了测量它的燃烧时间，你不得不毁掉引信然而很不必要为了检验而全部毁掉．因此在许多情况中领货前只从全体中取出较少的样品以代替检验全部商品．这样领取抽样的简单手续的特点由下面的规则表示．

"从提交的一批共 N 件商品中随机取样 n 件商品作为样本．对样本中的每一件进行试验．如果样本中的次品数不超过某个约定数 c 即所谓合格数，这批商品就算合格，消费者就收下这一批，如果样本中的次品数多于 c，这批商品就算不合格，则他拒绝接收这批商品，同时生产者就得收回这批商品．"

按这个规则所得到的结果依赖于机会，碰机会样本中的次品部分有可能比全部货物中的次品低得多或高得多．如果样品结果比全部的好，则此机会对消费者不利，如果样品结果中含的次品比全体中实有的次品更大，则机会对生产者不利．尽管有这些危险，一个这样的手续似乎是必要的，所叙述的规则也许是十分合理的．我们必须想出它的程序是怎样进行的，它的结果是怎样依赖于提交的一批的质量的．因此我们来分析下面问题：给定 p，它是在所提的一批中随机选出一件商品是次品的概率，求这批商品合格的概率 a．

在最重要的实际情况中批量的容量 N 即使同样本的容量 n 相比也是大的．按这种情况我们可以假定 N 为无穷大；在精度上我

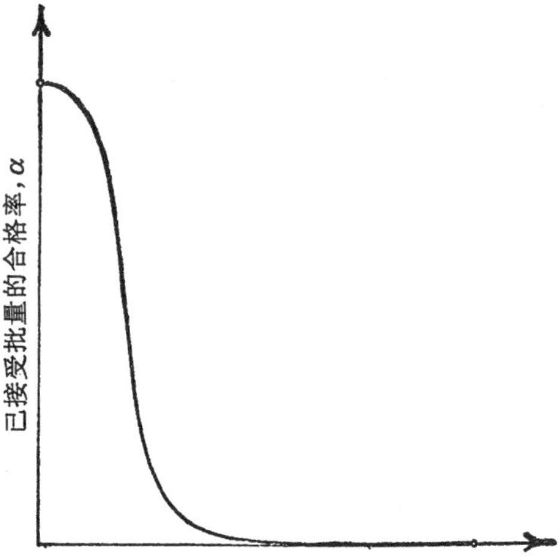

图 14.4　验收抽样程序的营业特性表

们没有损失多少，然而却做了许多简化．假定 $N=\infty$，我们容易求得

$$a=(1-p)^n+\binom{n}{1}p(1-p)^{n-1}+\binom{n}{2}$$
$$\times p^2(1-p)^{n-2}+\cdots+\binom{n}{c}p^c(1-p)^{n-c}.$$

我们把合格的概率 a 的这个表达式看作是对的．我们集中讨论它的某些实际含意．

我们把 a 看作 p 的函数作图；见图 14.4．如果我们画出 $100p$ 的函数 $100a$ 的图，曲线形式该是一样的．现在，$100p$ 是所提出的一批商品的次品的百分数．另一方面，如果有相同的次品百分数的几批接受同样的检验程序，合格的相对频率，亦即接受批量对所提出的批量的比例会接近于 a．因此，归根到底，$100a$ 将是在提出批量中的接受批量的百分数．这便说明了图 14.4 中坐标轴的注解．图 14.4 中的曲线可以使我们大致估计出各种不同质量的批量能被接收的情况，因而它被适当地称作营业特性表．

根据它的效果来进行判断，程序看来是合理的吗？这是我们希望加以考虑的问题.

如果全部没有次品,那就应该没有退货的可能性. 事实上,如果 $p=0$,我们的公式给出 $a=1$,这本该如此. 如果全部都是次品,应该没有接收的可能. 事实上,如果 $p=1$,我们的公式给出 $a=0$,这也本该如此. 营业特性曲线的两个端点显然是合理的.

如果次品数增加,接收的可能性应该减少. 事实上,用一点微分技巧,我们容易发现令人惊奇的简单表达式

$$\frac{da}{dp}=-(n-c)\binom{n}{c}p^{c}(1-p)^{n-1-c},$$

而这个总是负的. 因此营业特性曲线必是一条下降曲线,正如图 14.4 所表示的,而这再一次说明它本该是那样的.

导数的绝对值,或 $-\frac{da}{dp}$,也有某种实际意义. 横坐标的改变量 dp 表示全部质量的改变量. 纵坐标的改变量 da 表示由于质量的改变引起的接受机会的改变. 这些机会的比率 $\frac{da}{dp}$ 的绝对值越大,两个稍微不同的批量之间的程序所造成的差异就越明显. 尤其是,$\frac{da}{dp}$ 达到它的绝对值最大的点可以适当地称为"最明显判别点". 这个点容易在图上认出来:如果有一个,它就是拐点,否则是曲线的左端点.(它的横坐标是 $p=c/(n-1)$.)

(2) 从另一个观点看规则也显得是合理的. 它有某种适应性. 由于选择样本容量 n 及合格数 c,我们能使规则适应具体要求. 消费者与生产者都要求避免抽样中常有的危险. 即坏的一批往往会提出一个好的样本,而好的一批往往会提出一个坏的样本,因此就有两类危险:抽样手续有可能会接收一批坏的或退掉一批好的. 消费者是反对接收坏批量而生产者是反对退掉好批量的. 然而这两类不愉快的情况是不能完全避免的,总会经常发生,我们所能合理地要求的唯一的事情是它们不要太经常发生. 这个要求导致像如下的具体问题.

"确定样本容量及合格数,以使接收的一批商品中竟有 5% 的

次品这样的机会在十次中必须少于一次，使退货的一批商品中只有2%次品的机会在一百次中必须少于五次.”

在这个问题里有两个未知数，样本容量 n 与合格数 c. 问题的条件要求下面两个不等式:

$$a > 0.95 \qquad \text{当 } p = 0.02 \text{ 时,}$$
$$a < 0.1 \qquad \text{当 } p = 0.05 \text{ 时.}$$

同时满足这两个条件是可能的，但是去找适合于要求的不等式的最低样本容量 n 及对应的合格数 c 要做大量数字计算.

我们将不讨论数字计算. 在此我们对把问题具体化比解算问题要关心得多. 因此让我们稍微进一步调查一下它的背景. 正如我们已经说过的，接收一批坏的与退掉一批好的都是人们所不希望的. 第一种是从消费者的观点来看的，而第二种是从生产者的观点来看的. 可是两种不希望的概率不会是同样不受欢迎的而消费者与生产者的利害不完全如此尖锐地对立. 接收一批坏的对生产者也不完全有利; 它会损害他的名声. 可是退掉好的一批会很违背消费者的利益;他会急切需要商品，退货会误事. 况且，反复退掉几批好的，它的危险会导致提高价格. 如果双方利益都考虑到了，退一批好的会比接收一批坏的更令人不愉快些. 正是由于考虑到这种背景，我们在问题的条件中对防止退质量较好的货比防止接收质量较坏的货更为注意，这似乎是可以理解的.（关于第一类不希望事件在一百次中只有五次机会是许可的，但关于第二类事件一百次中允许有十次机会.）

(3) 在 (2) 中所讨论的问题容许有另一个稍微不同的解释.

生产者的律师断言全部没有超过2%次品. 可是消费者的律师争辩说全部至少有5%次品. 由于某种理由（例如对许多引信来说）充分检验是不可能的. 因此必须在争论者双方之间决定某种抽样手续. 在 (1) 中概述的手续连同 (2) 中所给的数据能合适地用于这个目的.

事实上，两个律师的互相矛盾的争论提出一个假定. 我们可以佯称确有两个关于批量的概率：批量中的次品百分数或者确是

2% 或者确是 5%. 当然没有一个人相信这样一个假定,但是统计学家会觉得它是方便的: 它使得他的任务局限于在两个清楚而简单的可供选择办法之间做出决定. 如果双方同意退一批有 2% 次品的货比接收一批有 5% 次品的货更不合意, 统计学家会合理地采用在 (1) 中概述的程序连同 (2) 中规定的数据. 统计学家的选择是否将使律师或哲学家满意,我不敢冒昧地说,但它确实同此问题的事实有清楚的关系. 统计学家的规则是适用于大量类似情况的, 亦即接收一批好的 (有 2% 次品) 在 1,000 次当中大约有 950 次,而退掉它只有大约 50 次,但是规则规定退掉一批坏的 (有 5% 次品)在 1,000 次中大约有 900 次,而接收它只有大约 100 次. 那就是说不能指望以抽样为基础的统计学家的规则每次都会让你做出正确的决定, 但是可以合理地期望它最终在情况的一个可指定的百分数内让你做出正确的决定.

(4) 要想仅仅通过一个例子就获得关于统计学家所从事的工作的意义那是不可能做到的. 可是在前面例子的基础上, 我们能得到关于统计学家的任务的虽不很完全却并不十分歪曲的观念: 统计学家能设计出一些性质相同的规则, 例如在 (1) 中概述过的接收货物的抽样程序和在 (2) 中考虑过的数据关系. 如果我们已经弄懂了统计学家指定的规则的性质就可以弄明白他的任务. 因此, 我们必须用普通术语清楚地叙述在我们的特殊规则里本质的东西是什么;我指的是在前面 (1), (2)及(3)段所讨论过的规则.

我们的规则确定出在接收和退掉这两种行动方针之间进行的选择. 可是在 (3) 中所考虑的那方面问题更适宜于推广. 在那里我们考虑过在两个统计假设之间进行选择. (它们是"这种随机样本取自有 2% 次品的大批量"及"这种随机样本取自有 5% 次品的大批量".)任何合理选择必须正好考虑到使过去的经验与将来的结果相一致. 事实上,我们所选定的规则是顾及了这两种考虑的.

按照我们的规则,选择要由一组清楚说明了的观察(检验 n 件商品及在 n 件检验过的商品中被查出来的次品数) 来定. 这些观察产生有关的经验而选择以这经验为基础. 由于我们的规则在观察的基础上提出假设而不提出别的东西，它堪称为归纳规则.

我们的规则是以可能的结果为目的来拟定的. 统计学家不能预告任何单个应用规则的结果. 他仅仅能预料在大量现象中规则最终将如何起作用. 如果由这种规则所确定的选择在这样那样情况中试过许多次，它最终将以在试验中出现的这样那样的百分数形式来给出这样那样的结果. 我们的规则是以许多现象的长时期结果为目的来拟定的.

扼要地讲，我们的规则是用在统计假设之间进行选择的，是以一定量的观察结果为基础的，它着眼于大量现象的长时期结果. 如果我们可以把规则看作具有足够典型性，我们就会有一个对统计学家都是在做什么的观念：他们就是在拟定这类规则.

（事实上，他们试图设计出这类“最好”的规则. 例如，他们致力于设计出在样本容量给定情况下把各种不利影响缩小到最低限度的机会. 样本容量的大小关系到为观察所花的劳动与成本，亦即，如样本容量过大，则为观察所花费的劳动与成本也就大.）

（5）从一个批量中进行随机取样是统计研究中的一件重要工作. 我们必须在此讨论关于这件工作的另外一个问题. 在叙述问题的时候我们还保留以前的符号记法.

在一个非常大的批量中，商品的百分之 $100p$ 是次品. 为了获得某个关于 p 的信息，我们从这批量中取 n 件商品样本，我们在样本中发现有 m 件次品. 在这个观察基础上，我们应该认为 p 取哪个值是合理的？

由概率定义本身提出一个明显的答案. 然而由于问题很重要，值得我们从各个不同角度来检查.

我们的考察给出一个关于 p 的信息. 具体地说，就是如果 m 碰巧异于零，我们断定 p 异于零. 类似地，如果 m 小于 n，我们断定 p 小于 1. 可是在任何情况里 p 始终是个未知量并且 0 与 1 之间的所有数都适合于 p. 如果我们把这些数中的一个当作 p，我们作一个推测，采用一个猜想，选择一个统计假设.

在我们选择之前让我们考虑一下我们选择的后果. 如果我们

有一个关于 p 的值，我们就能计算事件的概率，事件的考察结果是我们的不可缺少的资料．我的意思是指确切地求出在 n 件商品的随机样本中有 m 件次品的概率．让我们称这个概率为 P．那末

$$P=\binom{n}{m}p^m(1-p)^{n-m}.$$

P 的值依赖于 p，随着 p 改变，可能大或可能小．然而，如果一个被观察事件的这个概率 P 十分小，我们必须抛弃所依据的统计假设．选择这样一个马上就要被抛弃的，靠不住的假设会是愚蠢的．因此让我们选择最靠得住的，抛弃的危险最小的假设．亦即让我们选择使 P 尽可能大的 p 值．

现在，如果 P 是个最大值，$\log P$ 也是个最大值，因此有

$$\frac{d\log P}{dp}=\frac{m}{p}-\frac{n-m}{1-p}=0.$$

这等式给出

$$p=\frac{m}{n}.$$

因而，作某种考虑之后，我们作出从一开头曾想这样作的选择：我们选用观察的相对频率 m/n 作为下面概率 p 的适当近似值．

然而我们的考虑不仅仅是兜圈子，我们能从这个考虑中学到许多东西．

让我们从审查 P 的作用开始．这个 P 是某个被观察事件 E（在样本容量 n 中有 m 件次品）的概率．这个概率是在统计假设 H_p 的基础上算出来的，统计假设为 $100p$ 是这批量中的次品百分数．概率 P 随假设 H_p（随 p 的值）而变．P 越小，越不可接收，假设 H_p 似乎越不合理．于是这使我们把 P 看作表示假设 H_p 的似然性．这术语"似然性"已经在前面(在 §7 (5)段)以相同意义引用过，但是现在我们可以更清楚地看到引用它的理由．

我们强调在各种可以接受的统计假设 H_p（有 $0\leqslant p\leqslant 1$）中选择一个，关于这个选择要使 P，即 H_p 的可能性要尽可能大．在这个选择背后有一个原理，它可以恰当地被称为最大似然原理，它也在别的情况里，比我们的情况更不明显的情况里指导统计学家．

§9. 判断非统计猜想

为了从几个方面解释相同的基本情况我们考虑几个例子.

（1）前几天我结识了一位叫摩尔京斯坦（Morgenstern）的先生. 这名字不很常见，但我却知道. 曾经有一位德国作家摩尔京斯坦，我很喜欢那个人的荒唐诗作. 还有，噢！对了，我的住在乔治亚州亚特兰大的堂兄弟新近在马克·摩尔京斯坦公司顾问工程师办事处开始工作.

起先我没有去注意摩尔京斯坦先生，然而，过了一会儿，我听说他从事工程事务. 其后另外几点信息泄漏出来了. 我听说我的新相识的教名是马克，他的营业所在乔治亚州亚特兰大. 现时不相信这位摩尔京斯坦是我堂兄弟的雇主是非常困难的了. 我直接问了摩尔京斯坦先生并得知是那么回事.

这个平常的小故事是极为有益的.（顺便说一句，那是以实际经验为根据的，但是名字被改掉了，当然还删一些无关的情况.）倘若名字像诸如琼斯或史密斯那样十分普通的话，两个不同的人正好有同样的名字不是不可能的. 两个不同的人有同样的教名与名字是不可能的，特别是像马克·摩尔京斯坦那样一个怪名字是更不可能的. 两个不同的人有相同的职业，或在同一个大城市有居住地不是不可能. 可是随机地找来的两个不同的人会有同样的怪名字，同一个永久居留地及相同的职业是很不可能的. 偶然相合是难以相信的，因而我的关于新相识摩尔京斯坦先生的猜想是完全合理的. 事情结果弄清楚之后是对的，但是这实在与事例的是非曲直没有多少关系. 我的猜想是合理的，能辩护的，在所考虑的概率的基础上是可证明的. 即使我的猜想弄清楚了是不对的，我也没有理由会为它而感到惭愧.

在这个例子里，没有明确地给出同问题有关的概率数据，但是尽管有些困难还是可以得到一个关于概率的粗糙估计.

（2）两个意外相遇的朋友决定写一张明信片给第三个朋友. 可是他们不很确切知道他的地址. 两人记起城市（它是巴黎）和街

道(它是拉斯派尔林荫大道),但他们俩不确实知道门牌号. "等一下,"一个朋友说,"不要说话,让我们细细想想,在我们各自认为自己已经想出来的时候就把门牌号写下来."这个建议被接受了并且结果是两人记起了同一个门牌号: 拉斯派尔林荫大道 79 号. 他们把这个地址写在明信片上,明信片终于送到第三个朋友那里. 地址是对的.

然而采用 79 号的理由是什么? 由于彼此不交谈,两个朋友回忆事情是独立的. 他们俩都知道拉斯派尔林荫大道很长,足足有至少可数到 100 幢建筑物. 因此,假定两个数碰巧相合的概率大概不超过 $1/100^2$*). 可见这个概率是很小的,由此,两人都想出 79 这个数不会是无根据的完全巧合. 因此可以相信是 79 号.

(3) 按照银行的报告书,上个月底我的活期存款的余额是 331.49 元. 在我的票据基础上我也以同一个日子为准算出我的余额并发现金额相同. 由于两个计算的这种一致性使我满足于金额上一致的正确性. 这是对的吗? 决不是. 虽然两个计算得到同样结果,但结果可能是错的并且一致性可能是由于碰巧. 那可能吗?

金额用分来表示是一个有五位数字的数. 如果最后一个数字随机地选,它刚巧也可以同 9 一样是 0 或 1 或 2, … 或 8, 所以最后一个数字必须是 9 的概率恰好是 1/10. 对每一个别的数字也同样是这样的. 事实上,如果所有数字都随机地选的话,那末这数可以是下列数中的任何一个:

$$000.00,\ 000.01,\ 000.02,\ \cdots,\ 999.99.$$

在此显然我有 100,000 个数. 如果那个五位数字的组合, 33149, 是以某种完全随机方法产生的,所有这样的组合能机会均等地出现. 再者,由于有 100,000 个这样的组合,必须产生预先给定的任何一个的概率是

$$\frac{1}{100{,}000}=\left(\frac{1}{10}\right)^5=10^{-5}.$$

---

*) 原文为 1/100. ——译者注

按此情形，$10^{-5}=0.00001$ 是很小的概率．如果试图用如此小的概率去产生什么影响，没有一个人会在最先一次试验中把它弄成功，结果容易显得希奇古怪．然而，我倒不想相信我的慎重的银行帐目会有什么希奇古怪的事情发生．说那是一种巧合是难以相信的，所以我不得不作出结论，两个计算的一致是由于结果的正确性．在类似情况中通常正常人一般地会这样想的，并且仿照前面的考虑，这类相信似乎相当合理．

（4）英语同哪种语言的关系更为接近？同匈牙利语还是同波兰语？只要很少的一点语言学知识就足以回答这个问题，但是按照你自己的意思获得答案比根据某本书来接受它其实更为有趣．此处有通向答案的常识．

在历史的进程中语言的形式与意思都起了变化．如果我们知道同一种语言在不同的地区可以发不同的音就能理解形式的变化，如果我们晓得语言的意思不是固定不变的，而是变动的，并随上下文的意思而改变，我们就能理解意思的变化．然而，在第二方面，有一个明显的例外：数字①，②，③，… 的意思决不会有一点儿的改变．这是一个相信数字在语言历史进程中不改变它们的意思的充分理由．因此，让我们单独以数字为基础作语言的第一个比较．表 III 列出了英语、波兰语、匈牙利语及七种其他近代欧洲语言的前10个数字，只考虑了用古罗马人使用的字母的语言（因而未考虑俄语和近代希腊语）．此表中省略掉一些（瑞典语，德语，波兰语及匈牙利语中的）发音符号（重音符号，表示 *c* 字应读作 *s* 音的符号），英语中不用这些发音符号．

考察表 III 并注意在不同的语言中同一个数字是怎样拼的，我们容易看出各种相似和相合的情况．前五种语言（英语，瑞典语，丹麦语，荷兰语及德语）好像彼此很相似，而下面三种语言（法语，西班牙语及意大利语）好像是更接近于相合；因此我们有两组，一组由五种语言组成，另一组由三种语言组成．可是这两组好像还有些关系；可以观察到瑞典语，丹麦语与意大利语的 3 的拼法相合，或英语及法语的 6 拼法相合．波兰语在某些方面似乎是接近

表 III 十种语言中 10 个数字的拼法

英语	瑞典语	丹麦语	荷兰语	德语	法语	西班牙语	意大利语	波兰语	匈牙利语
one	en	en	een	ein	un	uno	uno	jedem	egy
two	tva	to	twee	zwei	deux	dos	due	dwa	ketto
three	tre	tre	drie	drei	trois	tres	tre	trzy	harom
four	fyra	fire	vier	vier	quatre	cuatro	quattro	cztery	negy
five	fem	fem	vijf	funf	cinq	cinco	cinque	piec	ot
six	sex	seks	zes	sechs	six	seis	sei	szesc	hat
seven	sju	syv	zeven	sieben	sept	siete	sette	siedem	het
eight	atta	otte	acht	acht	huit	ocho	otto	osiem	nyolc
nine	nio	ni	negen	neun	neuf	nueve	nove	dziewiec	kilenc
ten	tio	ti	tien	zehn	dix	diez	dieci	dziesiec	tiz

一组，而在另一些方面接近于另一组；试比较一下瑞典语与波兰语的 2，西班牙语与波兰语的 7. 然而匈牙利语显示出与其他九种语言的随便哪种都不那么相合. 这些观察使人们得到一个印象就是匈牙利语同其它九种彼此都稍微有点关系的语言都没有什么关系. 具体地说，这就是对我们开始问题的回答. 比起匈牙利语来英语确实像是更接近于波兰语.

然而还有几个异议. 第一个异议是“相似”与“相合”是意思含糊的字眼；我们必须把我们的意思说得更精确些. 这个异议指出一个正确方向. 按它的提示，我们抛弃一部分证据以便使留下来那部分更精确. 我们只考虑列于表 III 的数字的开头字母. 我们把以两种不同语言表示同一个数的两个数字作比较；如果它们有相同的开头字母就称它们为“和谐”，如果开头字母不同则称为“不和谐”. 表 IV 包括每对语言的和谐情况个数. 例如，数 7 既在写有字“西”的同一行中又在写有字“波”的同一列中，它指明西班牙语与波兰语在 10 种可能情况中确有七个和谐数字. 读者应该核查这一点及表 IV 中的几个其他内容. 表 IV 的最后一列表示每种语言同其他九种语言一共有多少种和谐情况. 这最后一列很清楚地说明匈牙利语的孤立地位. 它一共只有八种和谐情况而对其他九种语言来说和谐情况的个数在 22 与 46 之间不等.

表 IV　十种语言中数字的开头字母和谐数

	瑞	丹	荷	德	法	西	意	波	匈	
英	8	8	3	4	4	4	4	3	1	39
瑞		9	5	6	4	4	4	3	2	45
丹			4	5	4	5	5	4	2	46
荷				5	1	1	1	0	2	22
德					3	3	3	2	1	32
法						8	9	5	0	38
西							9	7	0	41
意								6	0	41
波									0	30
匈										8

可是，从这样一些数据得出任何明确的结论也许是不成熟的：这些开头字母的相合可能出于偶然．人们容易提出这种异议，但不容易回答．偶然性可能会通过各种渠道影响字母拼写，会存在着由于字母与发音之间决不是严格一致的这样一个事实所引起的偶然因素．即使单独一种语言(具体地如英语)也有这种情况．更不必说，在不同的语言里相同的字母常常发出很不相同的音，另一方面，不同的字母往往发出非常相似的音．我必须承认所观察到的相合不是没有随机因素的．可是问题是：像我们已经观察到的那种相合仅仅是由于碰巧是可能的吗?

如果我们希望精确地用数字回答这个问题，我们必须采用某种精确的用数字表示的确定的统计假设并由它同观察的结果对照中得出结论．可是，选择一个适宜的假设不是太明显的．在此我们考虑两个不同的统计假设．

I．有两个袋子．每个袋子装 26 个球，每个球标上英语 26 个字母中的一个字母，而且同一个袋子里的不同球标的字母是不同的．我用两只手同时往两个袋子里摸，每个袋子里摸出一个球．那样摸出来的两个字母也许是相合的或是不相合的；它们的相合弄得同写成两种语言的同一个数字的开头字母的相合相像（并且前者的不相合弄得同后者的不相合相像)．一次相合的概率为 1/26．

II. 我们再把两种不同语言的同一个数字开头字母的相合同由两个不同袋子里同时摸出来的两个字母的相合作比较，两个袋子又用相同方法装满标上字母的球．可是现在每个袋子装 100 个球并且表 III 中也包含着 100 个数字，每个球标上表 III 中每个数字的开头的字母，这样，球上标的字母同数字的开头字母一样．结果发现相合的概率为 0.0948.

依据这两个假设，前十个数的对照弄得同具有相同性质的独立摸球相像．

如果我们算出适当的概率就能把两个假设同观察进行比较．表 V 与 VI 包括有关资料．

表 V 把实际发现的相对频率同计算出来的概率进行比较．表 V 的 (2) 与 (3) 列引用了表 IV 中所考虑的所有 45 对语言重合现象．表 V 的 (4) 与 (5) 列只引用了由匈牙利语同其余九种语言相配所形成的九对．为了具体起见，让我们集中到关于相合数大于、等于 6 的那一行 ($n=6$)．正如(2)列所示这种相合在 45 组中有九组．因此，观察到的相合组数大于等于 6 的相对频率是 $9/45=0.2$，这么看来，这么许多组相合的却只比按假设 II 在一万组中出现一组的机会及按假设 I 在一百万组中只出现一组的机会稍多一点儿．分别见 (6) 及 (7) 列．表 V 的其他行也有类似情况：依照随

表 V　对开头字母有大于、等于 n 组相合的绝对及相对频率以及概率

(1)	(2)	(3)	(4)	(5)	(6)	(7)
	频率				概率	
n	10 种语言		9 种语言对匈牙利语		假设 II	假设 I
0	45	1.000	9	1.000	1.000000	1.000000
1	40	0.889	5	0.556	0.630644	0.324436
2	35	0.778	3	0.333	0.243824	0.054210
3	31	0.689	0	0.000	0.061524	0.005569
4	25	0.556	0	0.000	0.010612	0.000381
5	15	0.333	0	0.000	0.001281	0.000018
6	9	0.200	0	0.000	0.000108	0.000001
7	7	0.156	0	0.000	0.000006	0.000000

便哪个假设都显示出，实际上已经观察到的假设却认为极不可能，所以有强有力的根据去推翻两个假设．可是(4)及(5)列呈现出不同情况：依照假设 I 观察到的相合表现出稍微不可能，但从假设 II 的观点来看它们显得极其普通，极为正常．由表 V 所得到的印象被表VI确证了：如果我们考虑所有 45 个语言对，实际观察到的相合总数大大地超过了我们在假设 II 基础上的所期望的数，可是如果我们只考虑匈牙利语同其他九种语言相配的九对，期望数同

表 VI　观察到的与理论的相合总数
（假设 II）

	相合组数		误差	
	观察到的	期望的	实际的	标准的
10 种语言	171	42.66	128.34	7.60
9 种语言对匈牙利语	8	8.53	−0.53	2.78

观察到的数就接近一致了．（依照假设 I，在两种情况里我们有更强得多的不一致．）

简而言之，没有明显的可以允许我们把表 III 中能看到的所有相合恰好都解释为“偶然性”的迹象，这种“相合”现象太多了．可是我们能完全合理地把匈牙利语与其他语言的相合解释为偶然性现象．这是因为匈牙利语同其他彼此有关语言没有什么关系，这点已经得到证实．

关于这个例子，我们只凭**不多的观察**就把它的解释证明了，这一点很关键，它要归功于概率的考虑．解释本身由不可抗拒的排列这个语言学证据所证实．

(5) 根据适当的观察（用望远镜和分光镜）我们可以断言在我们地球外壳所发现的一些元素也存在于太阳和一些星球上．这个结论是建立在几乎一个世纪前 G·克契霍夫（G. Kirchhoff）所发现的物理定律基础上的（粗略地讲此定律是说发光蒸气恰好吸收它放射的同类光）．可是这结论也用到概率，这是我们在此处所关

心的一点．我们将把讨论的物理部分化简为一张略图．

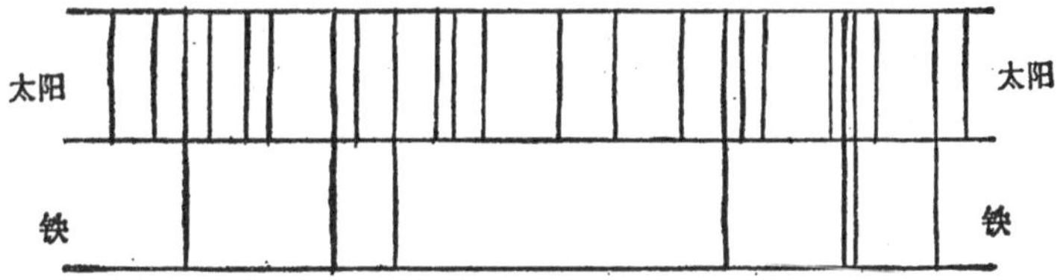

图 14.5 相合

用适当的装置(一块棱镜或一个绕射光栅)我们能发现太阳光的(即太阳光谱的)一系列光线．在实验室里我们也能发现某些物质，像铁，在高温汽化时所发出的一系列光线．(事实上，太阳光谱线即弗劳荷费(Fraunhofer)线是暗的，铁光谱线是亮的．)克契霍夫测出 60 条铁光谱线并发现这些线的每一条都同太阳光谱线相合．(见略图 14.5 或《大不列颠百科全书》，第 14 版，第 21 卷，覆饰于第 560 页感光板上的图 3．)如果我们假定在太阳里有铁则这些相合是完全可以理解的．(更确切地说，如果我们假定在太阳大气中有铁蒸气，它吸收从比太阳表面还要高的温度燃烧着的太阳中心部分发出来的一种光，这些相合就遵循克契霍夫的关于发射与吸收的定律．)可是，也许(此处又有那个永存的对抗)这些相合是由于碰巧．

这种对抗值得认真考虑．事实上，没有一种物理观察是绝对精确的，我们认为相合的两条线实际上可以是不同的并且刚巧彼此靠得那么近，以致受我们观察精度的限制使我们没能看出它们的差异．我们必须承认任何观察到的相合可能仅仅是一种表面上的相合，而事实上还有一些小的差异．然而我们要提一个问题：60 次观察到的相合中的每一次都来自于如此之小的，以致依所使用的观察手段不能发现的随机差异是可能的吗？

克契霍夫记录了观察到的接近(任意)厘米范围的光线，并估计了他可能认出来的接近他的范围的超过 1/2 毫米的差异．接近这个范围的两条相邻太阳光谱线之间的平均距离大约是 2 毫米．如果铁的 60 条光谱线随机地、彼此独立地投射到这张照片上，那末每条落下的光谱线与一条太阳光谱线的距离小于 1/2 毫米的概率该是多少？

通过讲一个更熟悉领域里的等价问题，我们使这个问题更接近于它的解答. 在地板上画上平行线；相邻两条线之间的平均距离是 2 英寸. 我们把一个硬币往地板上掷 60 次. 如果硬币的直径是 1 英寸，那么每次硬币盖住一条线的概率是多少？

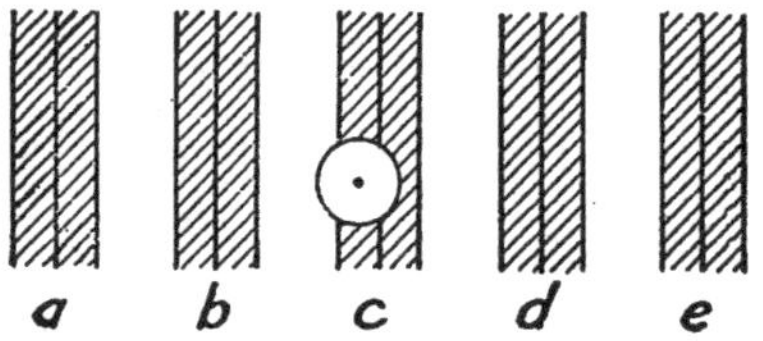

图 14.6 等距离线

依照这最后的确切陈述，问题很容易回答的. 首先假定地板上的线是等距离的（如图 14.6 所示）因而每条线与相邻的一条相隔 2 英寸. 如果硬币盖住一条线，则硬币的中心至多在相距这线的 1/2 英寸处，因此，这个中心位于 1 英寸宽的一长条中的某处，这长条被一条线平分了（在图 14.6 画有阴影的）. 显然，掷在地板上的硬币必须盖住一条线的概率是 1/2. 把硬币往地板上掷 60 次，每次都能盖住某一条线的概率是 $\left(\frac{1}{2}\right)^{60}$.

现在假定地板上的线不是等距离的，但相邻两线之间的平均距离还是假设为2英寸. 我们想像原先是等距离的线由于连续移动而到达它们现在的位置. 如果一条线（如图 14.7 的线 b）被移动了以使它与下一条邻线的距离保持大于1英寸，则硬币盖住一条线的

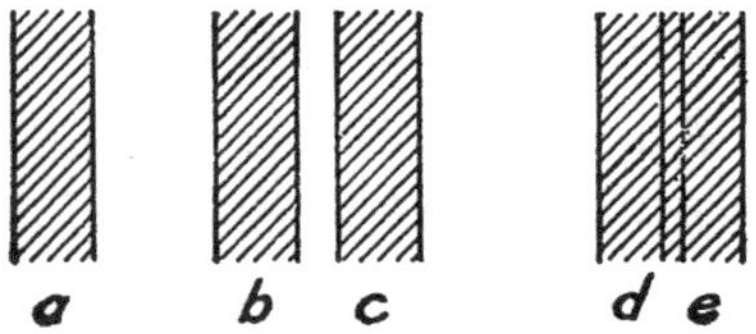

图 14.7 不规则距离线

机会保持不变. 然而,如果线是那样移动的(如图 14.7 的线 d) 使它与下一条邻域的距离变得小于1英寸,则两条(加阴影的)相连长条就重叠同时硬币盖住一条线的机会就会减少. 因此所求概率小于$(1/2)^{60}$.

简短地讲,如果铁光谱线随机地投入太阳光谱线,克契霍夫所观察到的 60 次相合的概率应该是小于 2^{-60} 因而小于 10^{-18} 或

$$\frac{1}{1,000,000,000,000,000,000}.$$

在这章开头我们已经引用过语录的作者克契霍夫说: "这个概率还会由于下列事实而使之更小,此事实是照规则,一条给定的铁光谱线越亮,则对应的太阳光谱线就越暗. 因此这种相合必为某个原因所致,一旦找出这种原因,就可以对观察到的事实给以圆满解释."

(6) 下面例子不是建立在实际观察基础上的, 但是它却解释一种常常出现的,具有代表性的重要情况.

在同一地区曾用两种不同方法治疗一种极其危险的病, 我们将分别称为"旧疗法"与"新疗法". 9 个得到旧疗法医治的病人之中有 6 个死亡, 只有 3 人还活着, 而 11 个接受新疗法医治的病人之中只有 2 人死亡, 9 人还活着. 二十个病例清楚地列于表 VII.

表 VII. 四位相关表

病　人	死亡数	未亡数	总　数
旧疗法	6	3	9
新疗法	2	9	11
总　数	8	12	20

一看这张表就会给我们一个印象, 关于所列的观察表示有力地支持新疗法. 死亡的相对频率是

6/9 或 67%　　用旧疗法,

2/11 或 18%　　用新疗法.

然而,在慎重考虑之后,我们也许会怀疑其观察数是否大得足以使我们有理由相信刚才算出来的百分数,67% 与 18%. 再者,

事实仍然是用新疗法的死亡数要低得多．然而这样一个低死亡数可能由于偶然机会．偶然机会怎么会容易造成这样一个结果？

这个最后的问题似乎是个正确的问题．可是，无论如何，这个问题在得到回答之前必须提得更清楚些．我们必须解释所用字"机会"及"这样"的确切含义．如果我们把现在的病例同一个合适的碰运气游戏作比较，"机会"一字就会得到解释．关于"这样一个结果"一语的令人满意的解释，似乎如下所述：我们考虑所有结果，在这种结果里用第二种疗法的死亡数不高于实际观察到的死亡数，那末我们终于得到下面的确切陈述．

有两个游戏的人，老人先生与新人先生，及 20 张卡片，其中 8 张是黑的，12 张是红的． 20 张卡片分给老人先生 9 张，新人先生 11 张．新人先生收到黑卡片 2 张或少于 2 张的概率是多少？

这个确切陈述把我们必须审定的争论表达得尽可能的简单、明确：旧疗法与新疗法之间的差异事实上没有什么关系，无疑地对死亡数没有什么影响，而观察结果不过是由于机会．

我们知道所求的概率是

$$\frac{335}{8398}=0.0399\sim\frac{1}{25},$$

那就是说，看上去与 25 次试验中大约有一次机会所产生的观察结果一样，其结果是支持或者甚至是更支持新疗法，因此不能简单地摒除新疗法比旧疗法优越的数字证据，但是它实在不很有力．

为了把这类事件看得更清楚些，让我们对一个情况作片刻考虑，在这类情况里数据会使我们得到一个概率 1/10,000 以代替 1/25．这样的数据会使人非常难以相信死亡数的观察差异不过是由于机会，但是这些数据当然也不会正当地证明新疗法的优越性．数据会提供一个很强的关于两种病例之间存在一种非随机差异的论证．数字不能告诉实际上这个差异的性质是什么．如果只有年青的或体格强健的人接受新疗法，并且只有较老的或体弱的人接受旧疗法，在医疗上支持一种疗法优于另一种疗法的论证会是极其脆弱的．

(7) 我想读者已经注意到这一节前面六个例子之间的某种相似. 现在该把这种相似性公布出来并用一般术语确切地陈述了. 然而我们与其接受那些主要地依靠文字的哲学家的例子，不如尽可能接受小心地把有关细节进行对比的博物学家的例子. 在讨论我们的例子的时候，我们研究了值得注意的细节；如果我们不去小心地考虑有关的细节，我们的劳动就白费了.

在每个例子里有相合与解释. (我所遇到的一个人的名，姓，职业和永久居住地与我所听说的一个人的名、姓、职业和永久居住地相合. 解释：这两个人是同一个人. ——两个不同的人记得的或算出来的两个数相合. 解释：由两个人独立计算所得到的数是正确的. ——用两种不同语言表示同一个数的几对数字的开头字母相合. 解释：两种语言是有关系的——在实验室里做试验所观察到的铁光谱的亮线同太阳光谱的某些暗线相合. 解释：在太阳的大气里有铁的蒸气. ——一种病的新疗法与较低的死亡数相合. 解释：新疗法更为有效.)

同这些特定内容的解释形成对照，解释的性质随着例子的性质而改变. 有另外一种在所有例子中能用同样术语叙述的解释：观察到的相合是由于机会.

特别的解释不是没有根据的，它们之中的一些是相当令人信服的，但是它们之中没有一个是逻辑上必然的或是严格地证明了的. 因此在每个例子里情况根本是一样的：有两个对抗猜想，一个特殊猜想及“普遍可用”的“随机”假设，后者认为相合是由于机会的结果.

然而，如果我们更细致地考察它的话，会发觉“随机假设”是含糊的. 既然机会能按不同方案起作用. 那么“这个结果是由于机会”这一说法就是模糊的. 如果我们希望由它得到一个更确定的指示，我们必须使随机假设更精确，更特殊，必须用概率术语去表达它，简而言之，我们必须把它提高到统计假设的地位上来.

在日常事务中，我们常常怕麻烦而不去精确地叙述统计假设或从数量上计算它的可能性. 可是我们可以在这个方向上走出第一步(如在例(1)中)或者甚至再往前走一点儿(如在例(2)或(3)中). 然而,在科学问题中我们必须清楚地叙述所包含的统计假设并如例(5)与(6)所示那样,按照它去作它的可能性的数值估计.

从一般的因而也是稍微零乱的随机想法转变到一个特殊的统计假设,我们不得不进行选择. 在许多情况下,我们未必能注意这个选择的问题,因为我们可以只想出一个足够简单并相当好地适应情况的统计假设;在这样的情况里所选择的假设显得像是"很自然"的(如在例(3),(5)及(6)中). 在另一类情况里选择就是很引人注意的; 我们的确无法立刻看出一种既是足够简单而又多少"自然地"适应情况的统计假设,因而在稍作踌躇之后我们作出选择(如例(4)所示).

终于有了两个互相对立的对抗猜想: 一个非统计的,让我们说是"物理的",猜想 Ph 与一个统计假设 St. 现在,某个事件 E 已经被观察到了. 这个事件 E 同 Ph 与 St 都有关系,并且是那样一种关系,以致这事件的发生可能影响我们在两个对抗猜想 Ph 与 St 之间的选择. 如果物理猜想 Ph 为真, E 容易看作可解释的,它的发生是容易理解的. 在最清楚的情况里(如例(5)所示), E 被 Ph 所蕴含,是 Ph 的结论. 另一方面,从统计假设 St 的观点出发,事件 E 看作一个"相合",相合的概率 p 可以在假设 St 的基础上算出来. 如果得知 E 的概率 p 是低的,那末按照"机会"即按照统计假设 St 事件 E 的发生不是容易解释的; 这就削弱了我们对 St 的信赖,并且相应地,加强了我们对 Ph 的信赖. 另一方面,如果观察到的事件 E 的概率 p 是高的,按照机会,即按照统计假设 St, E 可以看作可解释的;这就稍微加强了我们对 St 的信赖并相应地削弱了我们对 Ph 的信赖.

应该注意的是前面所讲的同我们在 §13.12 中讲过的关于对抗猜想是相符的,并给 §12.3 所讨论的合情推理模式增添若干精确程度.

普遍存在的随机假设对任何其他种类解释来说是多中取一的选择. 这似乎是深深地扎根在人的本性之中. "它是故意的还是

偶然的?”“是可选定的原因还是仅仅是偶然相合?”这类问题几乎在每次辩论或审议中,在平常的闲谈中及在法庭上,在日常事务中及在科学上都出现.

§ 10. 判断数学猜想

我们把在前几章里处理过的几个例子彼此作一番比较,还同上一段处理过的那些例子作比较.

(1) 让我们来回忆一下在 §2.6 中所讲的惊人发现的故事.欧拉研究了无穷级数

$$1+\frac{1}{4}+\frac{1}{9}+\frac{1}{16}+\frac{1}{25}+\cdots+\frac{1}{n^2}+\cdots.$$

首先他发现这个级数的各种变换. 其后,在用这些变换中的一个的时候,他得到一个级数和的近似值,即 1.644934.最终,借着新奇而大胆的处理,他猜测级数和是 $\pi^2/6$. 欧拉自己感到他的处理是大胆的,甚至是有异议的,然而他有充分理由相信他的发现:由数值计算所求得的值 1.644934 同尽可能取得远的猜想值相合

$$\frac{\pi^2}{6}=1.64493406\cdots.$$

因而欧拉是自信的.可是这种自信是合理的吗?这样一种自信可能出于机会.

事实上,这样的相合是出于机会不是完全不可能的,可是在出现这种相合的一千万次中只有一次机会:按简单的方式解释,机会必须产生有七位小数的这种相合的概率是 10^{-7};参阅 §9 (3) 段及例 11.因此我们不应该责怪欧拉丢弃由于偶然相合的解释而转向他的猜想 $\pi^2/6$. 最终他证实了他的猜想. 可是我们不必在此坚持已被证实的事实:不管有没有确认,反正欧拉猜想本身不仅是辉煌的而且也是合理的.

(2) 让我们再看 §3.1 并特别看图 3.1,那个图展示出九个多面体. 对这些多面体的每一个我们确定了 F, V 及 E,即分别为面数,顶点数及棱数,并把已发现的数列在一张表里(卷 I, §3.1 中

的表）．然后我们看到一个规律：遍及全表有

$$F+V=E+2.$$

对我们来说，这样一个不变的规律说它一定是巧合似乎是不可能的，因此我们得到猜想即在九个实例中观察到的关系一般说来是对的．

在这个推理中有一点可以说得更确切些：这样一个相合的概率是多少？为了回答这个问题，我们必须提一个确定的统计假设．我未能提出完全适合情况的假设，但倒有一个同情况有点关系的假设．让我在假设 $F-1=X$，$V-1=Y$，$E=Z$ 的背景中讲述它．由于符号的变换，猜想关系得到形式为 $X+Y=Z$．

我们有三个袋子，其中每个装 n 个球每个球记上数 1，2，3，… n．从每个袋子里摸一个球并用 X，Y 与 Z 分别表示是从第一，第二及第三个袋子里摸出来的球上所标记的数．我们必须求得由机会所造成的三个数 X，Y 及 Z 之间的关系

$$X+Y=Z$$

的概率是多少？

往三个袋子里摸球是相互独立的这一点是可以理解的，由于有了这个条件所求概率就确定了，并且我们容易求得它等于

$$\frac{n-1}{2n^2}.$$

让我们把它应用到例子上去，集中到我们成功地对新的多面体证明假设关系的时刻上去．例如，在我们起先审定（在 §3.1 中）的九个多面体之后我们提出二十面体例子（在 §3.2）．对二十面体，由于我们得知 $F=20$，$V=12$，$E=30$，因此事实上

$$(F-1)+(V-1)=19+11=30=E.$$

这不过是随机相合吗？应用我们的公式，取 $n=30$（我们确实不能使 n 小于 30），于是求得这样一个事件有概率

$$\frac{29}{2\times 30^2}=\frac{29}{1800}=0.016111;$$

即它有比 60 次中发生 1 次的机会稍少一点儿的希望．我们也许

踌躇该不该认为猜想关系的证实是由于碰巧．然而如果我们成功地对另一个有大约同二十面体一样大的 F, V, E 的多面体证实猜想关系，并且我们认为应该把两个证明看作是相互独立的，那末我们就面对着一个概率小于$(1/60)^2$ 的事件（两种情况的共同证明）；这个事件有比 3600 次中出现 1 次还少的机会，因而甚至是更难于用碰巧来解释了．如果继续不断地证明下去，我们感到不得不摒弃解释为碰巧的时刻迟早会到来的．

(3) 在前面的例子里我们不必过多地强调我们计算的概率数值．弄懂概率是随着一个接一个的证明而稳定地减少我们的疑虑可以比算出来的数值更有助于指导我们的判断．总而言之，存在着难以提供一个合适的统计假设的一些情况，并且在这些情况下想用计算法给出所包含的概率是不可能的，尽管概率计算还是可以提供有益的暗示．

在 §4.8 我们把关于两数平方和的两个猜想作过比较．我们来回忆它们分别为猜想 A 和猜想 B．猜想 A（我们已在 §4.6 末尾发现的）认定一个出色的规则，此规则清楚地确定一个有某种形式的整数能以多少种方式表成四个奇数的平方和．猜想 B（巴切特(Bachet) 猜想）认定任一整数能以一种或更多种方式表成四个平方数之和．两个猜想的每一个都提出关于四个平方数之和的预言，但是 A 所提出的预言比 B 所提出的更清楚．为了强调一下这一点，让我们把一个完全不可信的假设考虑一下．假定我们从某个（神秘的）来源得知，在一定情况下，表示数有相等机会取得 $r+1$ 个值 $0, 1, 2, \cdots, r$ 中的任何一个值，并且不能有超过 r 的值，r 是一个很大的数（并且在 A 及 B 所指定的两种情况下这都应该适用——一个相当不合理的假设)．现在，A 预告表示数有一个确定值；B 预告它大于 0．因此，在那个假设的情况里 A 证明为真的概率是 $1/(r+1)$，而 B 证明为真的概率是 $r/(r+1)$．事实上，在那个情况里 A 与 B 都证明为真，两个猜想都被证实，那末产生一个问题，哪个证明提供更强有力的证据．按我们刚才已经讨论过的观点来看，认为证实 A 是机会的结果要比证实 B 的困难得多．凭借这个事实(按照在本章所讨论的所有类似的例子)证实更清楚的预告A要比证实较不清楚的预告B应该更受重视．在§4.8没有任何明确的概率考虑，我们也得到了同样的见解．

第十四章的例题和注释

第 一 部 分

在这第一部分中的每个例子都是参考本章的某节或某段而作的，并提供原文所省略的公式或推导．解答要求有一些概率演算知识．

1. [§3 (3)] 接受§3 (3)对雨天与无雨天接续的描述方案．为方便起见，代替"无雨"说"晴"并设r_r，s_r，r_s及s_s表示概率，

r_r为一个雨天之后接一个雨天的概率，

s_r为一个雨天之后接一个晴天的概率，

r_s为一个晴天之后接一个雨天的概率，及

s_s为一个晴天之后接一个晴天的概率．

(a) 证明 $r_r-r_s=s_s-s_r.$

(b) 据说"一个雨天接着一个雨天要比接着一个无雨天更容易．"这句话的更精确意思是什么?

2. [§3 (4)] 据说"每个字母有不像前面字母的倾向．"这句话的更精确意思是什么?

3. [§5 (1)] 求出表 I (3)列中数的通式．

4. [§5 (2)] 求出表 I (5)列中数的通式．

5. [§5 (3)] (a) 求出表 II (3) 列中数的通式．(b)如果有系统偏差，为了查出它，就要确定(4)列与(5)列的对应记录(在同一行上)的差；列出符号．

6. [§7 (1)] 如果一个试验是掷三粒均匀的骰子，并且掷出每个骰子是六点算是一次成功，那末在n次试验中有n次成功的概率是多少?

7. [§7 (2)] 在§7 (1)所讲的关于教士伽利亚尼的故事的各种事件中，哪一个构成骰子是不均匀的假设的最强有力的证明．

8. [§7 (3)] (a) 写下得到数值 1.983×10^{-7} 结果的公式.

(b) 成功概率为1/3. 求出 315672 次试验提供恰好是 315672/3 次成功的概率.

9. [§8 (1)] 关于 a 的已知表达式是一个和. 事实上,这个和的每一项是一个概率: 是关于什么事件的概率?

10. [§8 (1)] 求出图 14.4 所描述的曲线拐点的横坐标.

11. [§9 (3)] 给定一个有 n 位数字的数. 一个有 n 位数字的序列是随机产生的,也许是让猴子玩加法计算器的键盘而产生的. 那样产生的序列必须同给定数相合的概率是多少? [答案可以由数学上来确定吗?]

12. [§9 (4)] 解释概率 0.0948 的计算.

13. [§9 (4)] 求表 V 的 (a) (6) 列中的, (b) (7) 列中的数的通式.

14. [§9 (4)] 解释表 VI 的相合的期望数的计算: (a) 42.66, (b) 8.53.

15. [§9 (4)] 解释表 VI 里在最后一行与最后一列的标准偏差 2.78 的计算.

16. [§9 (5)] 为什么是 $(1/2)^{60}$?

17. [§9 (6)] 解释概率为 0.0399 的计算. [推广.]

18. [§10 (2)] 导出关于所求概率的表达式 $(n-1)/2n^2$.

第　二　部　分

19. 关于概率的概念. §2 没有定义什么"是"概率,它不过试图解释概率的目的在于描述什么: "长时期"相对频率, "最终稳定"相对频率,或在一个"非常长"系列观察中的相对频率. 这样一个系列被假定有多长是未讲的,这是一种疏忽.

然而这种疏忽在科学中是不少见的. 拿最老的物理科学, 力学及非匀速直线运动的定义来说吧: 速度是运动质点在某个时间区间内所走过的距离除以时间区间的长度,倘若时间区间是"非常短的"话. 这样一个区间被假定有多么短并没有讲.

实际上，你可以把时间区间量到你的观察手段所能允许的那样短．或把统计序列观察到你的观察手段所允许的那么长．理论上你可以通过极限．物理学家在定义速度的时候，让时间区间趋于零．R. 冯·密塞斯（R. von Mises）在定义概率的时候，让统计序列的长度趋于无穷．

20. 为什么不解释概率的频率概念．D. Tel. 在检查完病人的时候摇摇头．（D. Tel. 的意思是精神感应术医生；虽然遭到了医学界的拼命反对，精神感应术的施行还是在联邦的第五十三州被法律所认可了．）"你得的病很重，" D. Tel. 说："在十个得这种病的人当中只有一个能救活．" 当病人被这个消息吓得够呛的时候，D. Tel. 继续说．"但是你是幸运的．你将得救，因为你找到了我，我已经看过九个病人了，他们都死于此病．"

也许 D. Tel. 真是这样想的．他的祖父是一个水兵，他的军舰在一次海战中被炮弹击中了，他祖父就把他的脑袋伸出舰身上被炮弹打穿的洞外，并感到挺保险．"因为，"他解释说，"一颗炮弹要第二次打中同一点是很不容易的．"

21. 一个负责监督某个地区选举的官员发现，在第一个早晨他检查的 38 个登记中有 30 个是伪造的．一家日报宣布在那个地区至少有 99% 的登记是正确的，毫无可疑之处．按照官员的观察，日报的声明怎么能站得住脚呢？

22. 在钟表铺的橱窗里有四只布谷鸟自鸣钟，都走着．四只中的三只与另一只相差不到两分钟：你能相信它们所指的时间吗？有一个当然的假设：即这些钟原先都对准了的，但它们走得不准（它们不过是布谷鸟自鸣钟）并且只有一只有毛病．如果是那样，你可能相信那三只钟所指的时间．然而有一个对抗猜想：那三只钟一致是由于碰巧．这样一个事件的概率是多少？

23. 如果 a, b, c, d, e 与 f 是随机选出的整数，其绝对值不超过一个给定的正整数 n，有两个未知数，两个方程的方程组

$$ax + by = e$$
$$cx + by = f$$

方程组只有一个解的概率是多少?

24. 概率与问题的解. 在一个纵横字谜里两个(每个有四个字母)未知字横穿过一个有 5 个字母的未知字. 你猜中有 5 个字母的未知字是 TOWER，然后你有下面图所指明的情况:

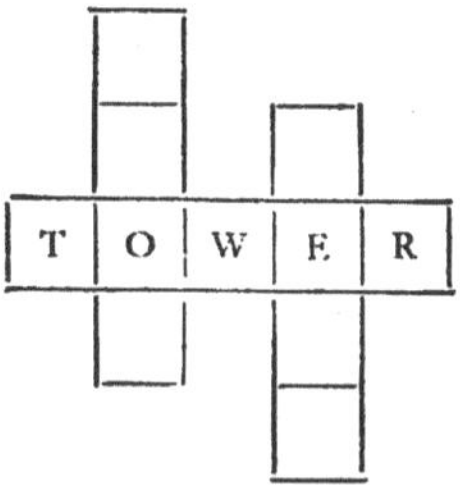

为了检验你的猜测，你会乐于找一个或另一个有四个字母的字与猜想的 TOWER 交叉. 在交叉处的字的一个可以证实为 O，另一个为 E. 哪个证实会更受重视? 为什么?

25. 有规律的与无规律的. 比较两列数:

I	II
1005	1004
1033	1038
1075	1072
1106	1106
1132	1139
1179	1173
1205	1206
1231	1239
1274	1271
1301	1303

这两列中的一列是“有规律的,”另一列是“无规律的”. 有规律的那列包括十个相继的常用对数四位数表的尾数. 无规律的那列与有规律的那列对应的数在前三位数字上相合，可是第四位数字可能是不可靠计算的结果: 它们是“随机地”选出来的. 哪一列是有规律的? [指出一个区别有规律与无规律的一般方法.]

26. 概率演算的初等规则. 在计算概率的时候我们可以看看全部可能情况，并直观地想一想在它们中间没有一个必须特殊对待，或者我们可以按规则处理. 对初学者来说重要的是要了解通过这两种不同途径他能得到同样结果. 当我们把概率论看作纯数学理论时规则是特别重要的. 在下一章里规则将是重要的. 为了所有这些理由，让我们在此用袋子和球[1] 来介绍概率演算的初等规则. 参阅 §3.

袋子里装 p 个球. 其中有些标上一个 A，另一些标上一个 B，有些标上这两个字母，有些什么也不标. (有 p 种可能情况及两个"特征"，或两个"事件"，A 与 B.) 我们用 $\bar{A}$ 以代替没有 A 或"非 A". (我们把一当作否定符号，但把这符号放在字母顶上，而不是放在它的前面.) 有四个概率，四种球.

球有 A，但没有 B. 我们以 $A\bar{B}$ 表示这一种，并以 a 表示这种球的个数.

球有 B，但没有 A. 我们以 $\bar{A}B$ 表示这一种，并以 b 表示这种球的个数.

球有 A 与 B 两者. 我们以 AB 表示这一种，并以 c 表示这种球 (A 与 B 共同的) 的个数.

既没有 A 也没有 B 的球，我们以 $\bar{A}\bar{B}$ 表示这一种，并以 d 表示这种球(与有 A 或有 B 的那些不同)的个数.

因此，显然有

$$a+b+c+d=p.$$

我们设 $\Pr\{A\}$ 为 A 的概率的缩写字，$\Pr\{B\}$ 是 B 的概率的缩写字. 用这种符号表示，显然可得

$$\Pr\{A\}=\frac{a+c}{p}, \quad \Pr\{B\}=\frac{b+c}{p}.$$

设 $\Pr\{AB\}$ 为"A 与 B 的概率"，即 A 与 B 一起出现的概率. 显然有

---

1) 我们仿照 H. 庞加莱，«概率演算» (H. Poincaré, *Calcul aes probabilités*), 35～39 页.

$$\Pr\{AB\}=\frac{c}{p}.$$

设 $\Pr\{A$ 或 $B\}$ 为得到 A，或 B，或 A 与 B 两者[1]的概率. 显然有

$$\Pr\{A\text{ 或 }B\}=\frac{a+b+c}{p}.$$

我们容易看到

$$\Pr\{A\}+\Pr\{B\}=\Pr\{AB\}+\Pr\{A\text{ 或 }B\},$$

因此可得我们的第一个初等规则(“或”规则):

(1) $$\Pr\{A\text{或}B\}=\Pr\{A\}+\Pr\{B\}-\Pr\{AB\}.$$

现在我们要定义条件概率 $\Pr\{A/B\}$，即：如果 B(假定 B，假设 B，依据条件 B，依据假设 B，···)A 的概率. 这个概率也有表示长时期相对频率的意思. 正如 §2 (1) 段详细描述的那样，我们重复在袋子里摸球，每次摸一个，在摸下一个之前，把已经摸出来的那个放回袋子里去. 可是我们只考虑具有 B 的球. 如果在前 n 个这样摸出来的球中间，有 m 个也有一个 A 的球，则 m/n 是相对频率，当 n 充分大时，它应该近似等于 $\Pr\{A/B\}$. 似乎相当明显地有

$$\Pr\{A/B\}=\frac{c}{b+c}.$$

事实上，在 $b+c$ 个有 B 的球中间有 c 个有 A 的球；也可以重复 §2 (1) 的推理；从某种观点来看，我们也可以把 $\Pr\{A/B\}$ 的表达式看作定义. 无论如何，比较所包含的概率表达式，我们容易得知

$$\Pr\{A/B\}=\Pr\{AB\}/\Pr\{B\}.$$

把 A 与 B 交换，我们得到第二个初等规则(“与”规则):

---

1) 字“或”有两个意思，它们不能被英语，或其他近代欧洲语言充分地区别开来. (然而，它们能被拉丁语稍加区别.)我们可以“排他地”或“包含地”用“或”. “你可以去海滩或去电影院”(不去两个地方)是排他的“或”(拉丁语中的 “aut”). “你可以去海滩或有许多糖果”是包含的“或”，如果你的意思是“一种或另一种或两者”的话. 在法律或财政文件里包含的“或”是写为“与/或”(拉丁语中的 “Vel”). 在 $\Pr\{A$ 或 $B\}$ 中我们指的是包含的“或”.

(2) $\Pr\{AB\}=\Pr\{A\}\Pr\{B/A\}=\Pr\{B\}\Pr\{A/B\}$.

我们能从 (1) 与 (2) 导出许多其他规则. 注意到

$$\Pr\{A \text{ 或 } \bar{A}\}=1, \quad \Pr\{A\bar{A}\}=0,$$

拿 $\bar{A}$ 代 B, 由(1)得

(3) $$\Pr\{A\}+\Pr\{\bar{A}\}=1,$$

当然,我们也可以直接看出这个结果. 类似地,由于

$$\Pr\{AB \text{ 或 } \bar{A}B\}=\Pr\{B\}, \quad \Pr\{(AB)(\bar{A}B)\}=0,$$

用 AB 代 A, $\bar{A}B$ 代 B, 由(1)可得

(4) $$\Pr\{B\}=\Pr\{AB\}+\Pr\{\bar{A}B\}.$$

在此我们注意下面(2)的推广:

(5) $\Pr\{AB/H\}=\Pr\{A/H\}\Pr\{B/HA\}=\Pr\{B/H\}\Pr\{A/HB\}$.

借用袋子与球我们也能把(5)式形象化.

27. **独立**. 如果一个事件的发生 (或不发生) 对另一个事件发生 (或不发生) 的机会没有影响, 我们就称这两个事件彼此独立. 然而,暂且不管这个非正式定义而考虑下面两个正式定义.

(I) 如果

$$\Pr\{A/B\}=\Pr\{A/\bar{B}\},$$

则 A 被称作**独立于** B.

(II) 如果

$$\Pr\{A/B\}=\Pr\{A/\bar{B}\}=\Pr\{A\},$$
$$\Pr\{B/A\}=\Pr\{B/\bar{A}\}=\Pr\{B\},$$

则 A 与 B 被称作**相互独立**.

显然, 如果 A 与 B 是相互独立的, 则 A 独立于 B. 应用例 26 的规则,证明定理: **如果概率** $\Pr\{A\}$, $\Pr\{B\}$, $\Pr\{\bar{A}\}$, $\Pr\{\bar{B}\}$ **中没有一个为零并且两个事件** A **与** B **中的任何一个是独立于另一个的, 则它们相互独立.**

28. 把 §3 (5) 与例 27 作一个比较.

29. 一辆从 M 城开往 N 城的卡车可以经过 A 城, 也可以经过 B 城. 图 14.8 所示的两种公路系统 (I) 与 (II) 都是真实的. 先按假设 (I) 表示 M 城与 N 城之间全部公路系统, 然后按假设 (II) 表

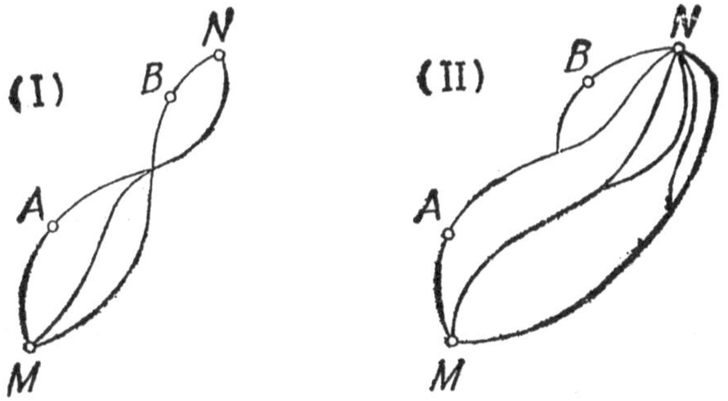

图 14.8　从M城到N城的两个公路系统有本质区别

示同样情形，回答下面的问题 (a)，(b) 及 (c)．

(a) 设A表示一辆从M城开往N城的卡车经过A城的事件，B表示它经过B城的事件．假设（对两个系统 (I) 及 (II)）由M城出发的三条公路可以走的机会均等（有相同的概率）并且假设公路终止于N城（在 (I) 中有两条，在 (II) 中有 6 条），走的机会均等．求概率 $\Pr\{A\}$，$\Pr\{A/B\}$，$\Pr\{A/\bar{B}\}$，$\Pr\{B\}$，$\Pr\{B/A\}$，$\Pr\{B/\bar{A}\}$．

(b) 应用例 26 的规则 (2) 求 $\Pr\{AB\}$．

(c) 证明

$$\Pr\{A\}=\Pr\{B\}\Pr\{A/B\}+\Pr\{\bar{B}\}\Pr\{A/\bar{B}\},$$
$$\Pr\{B\}=\Pr\{A\}\Pr\{B/A\}+\Pr\{\bar{A}\}\Pr\{B/\bar{A}\}.$$

(d) 你认为 (I) 与 (II) 之间最重要的差别是什么？

30．来自概率的排列．n名参加者必须在一场体育比赛中表现他们的技能，为了决定比赛次序，把每人的名字写在一张纸片上，然后n张纸片被一张接一张随机地从帽子里摸出来．n个名字必须按字母顺序出现的概率是多少？

我们提出两个解，并从它们的比较中引出结论．

(1) 称E_1为第一张摸出来的纸片也是按字母顺序的第一个字母的事件，E_2为第二张摸出来的纸片也是按字母顺序第二个字母的事件，等等．所求概率是

$$\Pr\{E_1E_2E_3\cdots E_n\}$$

$$= \Pr\{E_1\}\Pr\{E_2/E_1\}\Pr\{E_3/E_1E_2\}\cdots\Pr\{E_n/E_1\cdots E_{n-1}\}$$
$$= \frac{1}{n}\cdot\frac{1}{n-1}\cdot\frac{1}{n-2}\cdots\frac{1}{1}.$$

事实上，借用规则(2)与例 26 的(5)我们得到第一个变换，同时借观察对 E_1 有 n 种可能情况，对 E_1 之后的 E_2 有 $n-1$ 种可能情况，对 E_1 与 E_2 之后的 E_3 有 $n-2$ 种可能情况，等等，这样看来，对这些事件的每一个，只有一种允许情况，我们得到第二个变换.

(2) 称 P_n 为 n 件不同物件的所有可能排序（排列，线性排列，…）数. n 个名字能用 P_n 种方式从帽子里摸出来，这 P_n 种可能情况中没有一种比别的更特殊，在这 P_n 种情况中只有一种是允许的（字母顺序）. 因此，所求概率为 $1/P_n$.

(3) 在 (1) 与 (2) 之下导出来的结果必定相等. 因此使它们相等，我们求得 P_n 的值:

$$P_n = 1\cdot 2\cdot 3\cdots n = n!.$$

31. 来自概率的组合. 史密斯太太买了 n 个鸡蛋，她不晓得这些鸡蛋中有 r 个是臭的. 她需用 r 个鸡蛋，于是就在她的 n 个鸡蛋里随机地挑了 r 个. 所有挑出来的 r 个鸡蛋都是臭的概率是多少?

如例 30 所示，我们提出两个解并从它们的比较中引出结论.

(1) 称 E_1 是史密斯太太打开的第一个鸡蛋是臭的事件，E 是第二个鸡蛋是臭的事件，等等. 所求概率是

$$\Pr\{E_1E_2E_3\cdots E_r\}$$
$$= \Pr\{E_1\}\Pr\{E_2/E_1\}\Pr\{E_3/E_1E_2\}\cdots\Pr\{E_r/E_1\cdots E_{r-1}\}$$
$$= \frac{r}{n}\cdot\frac{r-1}{n-1}\cdot\frac{r-2}{n-2}\cdots\frac{1}{n-r+1}.$$

第一个变换由规则 (2) 及例 26 的 (5) 得之，第二个变换是从对 E_1，对 E_1 之后的 E_2 等等的可能的和允许的情况的考虑后得之.

(2) 我们有 n 件不同东西的集合. 从这 n 件东西中选出任何 r 件东西形成一个容量为 r 的子集：称 C_n^r 为所有这种子集数，

(通常 C_n^r 被称为从 n 件东西中选出 r 件的"组合"数.) 在史密斯太太的鸡蛋例子中，有 C_n^r 种可能情况，没有一个比别的更特殊，并且在这 C_n^r 种情况里只有一种是允许的(例如全拿到臭鸡蛋是"允许"的). 因而所求概率是 $1/C_n^r$.

(3) 比较(1)与(2)，我们求得 C_n^r 的值:

$$C_n^r = \frac{n(n-1)\cdots(n-r+1)}{1\cdot 2\cdots r} = \frac{n!}{r!(n-r)!} = \binom{n}{r}.$$

32. 一个对抗统计猜想的选择：一个例子. 一个人在某个日子从他的储蓄帐里取回 875 元，而另一个人在两天后收到 875 元. 这两个金额相合，一个取出，另一个收到，可以看作间接证据，看作犯了罪的一种迹象；参看例 13.6. 如果陪审团感到太难以相信这种相合是由于巧合，结果就会定罪. 因而问题是：这样一种相合的概率是多少？概率越小，把相合归之于机会就越困难，对被告的控告理由就越有力.

然而由于没有采用一个确定的统计假设我们不能用数字计算概率. 我们应该采用哪个假设？在一桩重大案件里我们必须严肃考虑这样一个问题. 让我们来统观几个概率.

(1) 由于数 875 有三位数字，我们可以把有不多于三位数字的正整数看作是"有资格的"，并把它们看作有同等资格. 随机地，彼此独立地选，两个这样的数必须相合的概率显然是 1/999. 这个概率是很小的——但是构成它的计算基础的假设是合理的吗？

(2) 由于 875 比五位数字少，我们可以把所有少于五位数字的正整数看作有同样资格的. 这导致相合的概率为 1/9999. 这个概率事实上是非常之小，但是我们的假设是牵强附会的，甚至是视同儿戏的.

(3) 如果细节显得那么重要，法庭可以下令调查银行的帐簿或传银行的一个主管人员来作证. 因此在取出金额为 875 元之前总额为 2581.48 元的钱已存在帐上这一事实立刻被查实了. 由于据有这个有关情报，我们认为从帐上已经取回金额为 1, 2, 3, … 2581 的情况是可能的并且是机会均等的. 这些情况中只有一个，

875，必须被称作允许的，因此我们得到相合的概率为 1/2581. 这是一个小概率，但是我们的假设可能是相当实际的.

(4) 我们不仅要考虑到成元地取钱，而且也得考虑到像 875.31 元那样成分地取. 如果我们把所有这些情况都看作是同样可能的，则相合的概率就变为 1/258148. 这是一个非常小的概率，但我们的假设会显得不太实在：从活期存款中像 875.31 元那样成分地取钱要比从定期存款中取更为常见.

(5) 相反，有人要争论说从定期存款中取出来的数额通常是可以被 100，或 50，或 25 整除的"整"额. 现在 875 可以被 25 整除. 如果只把 25 的倍数看作是允许的，并且是机会均等的，所讨论的概率就变为 1/103.

当然，我们还能想像出别的并且更复杂的方法去计算概率，但我们不必过分强调这样一个简明的例子. 如果读者此刻已经能够看出下面两点，就算达到例子的目的了.

(a) 虽然所讨论的五个假设中的几个会比其他几个似乎更可接受，但是没有一个明显地优于其他几个，并且几乎没有希望找到一个在每一方面会令人满意并可能认为是最好的假设.

(b) 所考虑的五个假设中的每一个认为实际观察到的相合只有相当小的概率，因而，从整体来看，我们的考虑确认常识的见解："难以相信这种相合是由于巧合."

33. 一个对抗统计猜想的选择：一般看法. 让我们试着由(例 32) 考虑过的特殊例子来研究更一般的情况. 我们考虑在 §14.9 (7) 讨论过的一般情况. 一个事件 E 已经发生并已被观察到. 关于这个事件，有两个互相对立的对抗猜想：一个"物理的"猜想 P 及一个统计假设 H. 如果我们接受物理猜想 P，E 是容易解释的并且不是没有理由地可解释的. 如果我们接受统计假设 H，我们就能计算像 E 这样的一个事件发生的概率 p. 如果 p "小"，我们会被诱导去拒绝统计假设 H. 无论如何，小的 p 削弱了我们对 H 的信任并因此稍微增强我们对对抗猜想 P 的信任.

然而例 32 使我们得知统计假设 H 的特性在所叙述的推理中

起一定的作用．统计假设H可以显得那么不自然、不适当、牵强附会、似同儿戏、粗劣、从一开头就不可靠．或者H可以显得那么自然、适当、实在、合理、本来就可靠．

现在，在假设H的基础上算出来的事件E的概率p可以是如此之小，以使我们拒绝H：P的一个对手退出竞争．这增加了P的希望——但是可以增加很多希望，也可以只增加那么一点儿希望：这要由对抗的特性来决定．如果统计假设H在我们通常看来像是适当的并且是可靠的，那末H就是一个危险的对手并且它的失败就会使人感到增强了P．然而，如果H在我们看来像是不适当的并从一开头就是不可靠的，那末H就是一个孱弱的对手；它的失败不会令人感到意外并且几乎一点儿也没有增强P．

给定一个清楚的统计假设H之后，事件E的概率p就被确定了，同时统计学家就能计算它．可是统计学家的用户，他也许是一个生物学家，或心理学家，或实业家，或任何其他非统计学家，他必须决定在他的情况里这个数值p的意思是什么．他必须决定多小的p就足以拒绝或削弱统计假设H．然而用户通常恰恰不会直接对统计假设H有兴趣：他原来就参与了对抗的“物理的”假设P．而且他必须决定H的拒绝或削弱在增强P的过程中会占多大份量．这个最后的决定显然不能单独由数值p来定：它确实依赖于H的选择．

我恐怕统计学家的用户，当他想利用由统计学家提供的数值p时，由于他不了解统计假设H对他的问题的重要性，因而恰好欺骗了他自己．如果他不知道他的物理猜想P也会面对不相同的统计假设H的话，很难说他会了解H的用意何在．参阅例 15.5．

第十五章　概率演算与合情推理逻辑

要估计由归纳而得到正确结果的概率是困难的.

——拉普拉斯[1]

由归纳而得的结论如果被人们所公认，那么它正确的概率是很大的；但是，当人们要求我们指出它的程度时，我们却不能. 常识告诉我们，有些归纳论据比别的更强有力，而且有些是十分有力的. 但是我们不能说出强多少或有多强.

——约翰·梅纳特·凯恩斯[2]（John Maynard Keynes）

§1. 合情推理规则

在前面三章里我们收集了合情推理模式. 这些“模式”能构成合情推理“规则”吗？它们所具有的约束力、权威性、强制性达到了什么程度并且是以哪种方式达到的？这有使我们失于纯粹文字解释的某种危险. 因此我想更具体地，甚至带点个人意味地来进一步考虑这个问题.

（1）我记得一次关于发明与合情推理的谈话，那是很久以前的事了. 我同一位朋友谈话，他年岁比我大得多并能追忆一些著名的发现、发明及成功的专门著作的记载. 当他谈到合情推理与发明时，他当然知道他在讲些什么事. 他非常热情并极其自信地坚持说，发明与合情推理没有规则性，即使有什么规律，反正也是没有什么用处的. 我坚持相反意见——如果没有不同观点，谈话就没有趣了——可是我感觉得到他的见解的长处. 我的朋友是一位外科医生. 一个外科医生的错误决定会断送一条生命的，而当一

1）“概率论的哲学尝试”（Essai Philosophique sur les probabilités）；见《拉普拉斯全集》（*Oeuvres complètes de Laplace*），第7卷，CXXXIX 部分.

2）《论概率》（*A treatise on probability*），259 页，

个病人突然开始出血或窒息时，必须立刻作出正确决定. 我理解到，必须迅速作出如此负责任的决定的人，是不会使用规则的. 时间太短了以致不能真正去应用规则，并且无论哪套规则都会使你犯错误；你需要把注意力完全集中到面临的情况中去. 因此人们不相信"规则"而相信他们的"直觉"或"经验"，或"直觉经验".

至于我的朋友，也许还有些别的什么因素. 他有点盛气凌人爱指挥别人. 他憎恶让出权力. 也许他感到承认规则好像是把他的权力授给一架机器，因此他反对规则.

让我们注意：聪明人自然会怀疑推理规则的.

（2）提出同一个证据的两个人会对证据作出非常不同的判断. 听完同一个诉讼程序的两个陪审员会意见不一致：一个认为提出来的证据足以证明应反对被告而另一个却认为证据还是不够的. 这种不同意见可以有上千种的不同背景：可能由于受到像恐惧，希望，偏见和怜悯等感情因素的影响，或者由于个人的差异使人们采取相反行动. 也许，一个陪审员愚蠢而另一个聪明，或者一个在诉讼过程中瞌睡了，而另一个却专心细听. 然而构成不同意见的基础的个人差异可能更微妙些. 也许两位陪审员都是正直的和相当不带偏见的，两个都郑重地照诉讼程序办事，并且两个都有才智，但以不同方式表现出来. 第一个陪审员也许是一个对人的举止的更好的观察者. 他观察证人的脸部表情，被告的颜面抽搐；他注意到什么时候回答是吞吞吐吐的；眼睛一眨的示意和小小的手势都给他留下深刻印象. 另一个陪审员也许不是脸部表情的熟练的观察者，但却是一个较好的社会关系法官：他更了解环境及卷入诉讼案件的人的情况. 两个陪审员以不同观点诚实而聪明地观察同一件案情却得到了相反结论.

我们不应忽视常有的事情并且注意：受理同样证据的两个人，会同样都是诚实的但意见却不一致.

（3）我的朋友和我都对猜想A有兴趣.（这个朋友是一位数学家，同时A是一个数学猜想.）我们俩都知道A蕴含B. 现在我们发现A的结论B为真. 由于我们都是诚实的，我们的意见应该一致，我们同意，作为A的结论B的证实，有利于支持猜想A，但是关于证据的价值或分量我们的意见却不一致．我们中间的一个断定这个证实只给A增加了一点点可靠性，而另一个却断定它增加很多．

如果我们熟悉问题的程度完全不同，并且在以前我们中的一个就比另一个对被证实的结论了解得多得多，那么，这种意见不一致就是可以理解的了．然而事情并不是那样的．我们都知道过去证实过的A的同一结论．甚至我们同意在刚才证实的B同那个以前证实的结论之间几乎没有相似之处．由于我们必须诚实，我们也同意这个事实给A以更强的证据．可是我们中间的一个人说“只强一点儿，”另一个说“强得多”，因而我们的意见也不一致了．

即使只在短短的一会儿之前，我们俩还都相信B是假的，而现在B又为真，这对我们来说简直是一个意外．事实上，从一个颇为自然的假设（或统计假设）的观点来看，B显得很不可能．我们俩都看出这个事实给A以更强的证据．可是我们中间的一个人说“只强一点儿，”另一个说“强得多”，而且我们的意见一直合不拢．

我认为，我们是完全诚实的，而我们的意见不同不仅仅是脾气问题．我们的意见分歧是因为他的背景同我的背景不一样．虽然我们有大致相同的科学训练，我们却在不同的方向上发展．他的工作导致他不相信假设A．也许他希望有一天他将能驳倒A．至于我自己呢，我可不敢期待有朝一日我将肯定能证实A．我必须承认我是想证实A．事实上，证实A是我的抱负，但我不想骗我自己，而幻想着我终将证实A．这样一个不完全坦白承认的希望会影响我的判断，影响我对证据分量的估计．可是我又会有别的理由：还更不清楚；几乎不能确切地陈述，说不出来的理由．同时我的朋友也会有一些理由，可是他并不自认这一点．无论如何，我们的背景的这种差异也许说明了情况：关于证据强弱我们的意见不一致，虽然在所有可以清楚地承认的几点上我们的意见一致，按照普遍公认的合理标准，而不依据个人判断，这几点当然要影响对证据强弱的认识．

我们注意：受理同样证据并应用同一个合情推理模式的两个人会有诚实的意见分歧.

（4）我们曾试图看到合情推理在面对实际问题的人们行为中具体地起着作用. 我希望，现在我们有一个稍微更清晰的思想. 我们的模式受哪种方式约束，在多大范围内人们可以把这些模式当作“规则”看待.

当然还有别的需要探究的路径. 形式逻辑学与概率演算有清楚严格的规则，并且这些规则以某种方式同我们的模式发生关系. 这种关系的性质是什么？这是我们将在下一节里讨论的问题.

§2. 论证推理的一个方面

对合情推理同论证推理作一番比较，在现阶段可能是有益的. 当然我们已经达到的合情推理的这方面还不能同经历二千多年发展之后、现代已经达到非常成熟阶段的论证推理相比较，而在二千多年中的后50年论证推理的成果特别多. 也许同论证推理的早期朴素情况相比较会更有益些. 让我们退回到大约是亚里斯多德时代.

亚里斯多德提到过推理要遵从某些**模式**. 我想像，他一定是观察了哲学的或政治的或法律的或日常争论中的这些模式，一当它们出现，他就认出了这些模式，继而把这些模式精选出来，并加以公式化. 这些模式是三段论法. 亚里斯多德发现，为了支持他的三段论法所用的例子似乎证明他是借一种归纳法发现他的三段论法的想法的——否则他怎么可能发现它们呢？无论如何，三段论法是依归纳法发现的这种想法使其有点接近于我们的合情推理模式.

代替对亚里斯多德是如何宝贵而对他的学派的追随者更为宝贵的“附带固有小前题的”三段论法，让我们考虑已经在§12.1考虑过的“假设的”三段论法的“否定式”：

$$\frac{\begin{array}{c}A\text{ 蕴含 }B\\ B\text{ 假}\end{array}}{A\text{ 假}}$$

即使从完全朴素的观点来看，我们也能看出这个推理模式的各种显著特征：它是个与个人无关的、具有普遍性的、自身独立的确定形式.

(1) 用与个人无关的一词，我们是要强调推理的有效性并不依赖于推理者的个性，他的情绪，或爱好，或阶级，或信念，或肤色.

(2) 用具有普遍性的一词，我们是强调所考虑的(用A及B指明的)陈述并不属于知识的这个或那个特殊领域，如像数学或物理学，法律或逻辑学，但可以属于这些领域中的任何一个，或属于任何一个领域. 这些陈述可以与任何一个足够清晰的人类思考对象有关：三段论法结论应用到所有这种对象.

(3) 为了弄懂下面一点，我们应该知道我们的知识和我们的合理信念能被新知识所改变. 然而在所考虑的三段论法中有不能改变的东西. 只要承认前提之后，我们就不可避免要承认结论. 在以后某个日子里我们会接受包含在我们的三段论法推理中的有关问题的新知识. 然而，如果这个知识不改变我们对前提的承认，它就不能合理地改变我们对结论的承认. 论证三段论法的推理不需要来自外部的任何东西，与前提中没有明确地提到的任何东西无关. 在这种意义上，三段论法是自身独立的：为了使结论有充分根据，超出前提的东西都不必要，如果前提依然是可靠的，那末没有任何东西会使它失去充分的根据.

三段论法的这种“自身独立性”或“能自给的”也许是它的最显著特征. 让我们引用亚里斯多德自己的话：“三段论法是一种论证方法，使用这种方法叙说某些事情时，就必然产生与所叙说内容不同的东西. 我说的最后一句，意思是它们产生结论，同时最后一句意思是说，为了使结论成为必然不用再从外部另加陈述了.”

(4) 如果前提是确实无疑的，我们能把结论从三段论法中“拆”开来. 就是说，如果你确实知道“A 蕴含 B”与“B 假”这两者的话，你可以忘记这些前提而只把结论“A 假”当作你的确定的精神财富留下来.

我们只审查了几种三段论法中的一种，但是审查过的三段论法是典型的：别的三段论法也是与个人无关的，具有普遍性的，自身独立的和确定的．而且这些特征预示了论证推理的一般特征．

§3．合情推理的一个对应方面

让我们把前一节讨论过的论证推理模式（“否定式”）同§12.1介绍过的合情推理模式作一番比较：

$$\frac{\begin{array}{c}A\text{蕴含}B\\B\text{真}\end{array}}{A\text{更可靠}}$$

在这两个模式，“论证的”与“合情的”之间，有某种表面的相似性．（论证模式是传统的，而合情模式当然是仿照前者而形成的．）还是让我们把它们更彻底地比较一下．

两个模式有相同的第一个前提

$$A\text{蕴含}B.$$

第二个前题

$$B\text{假}\qquad\qquad B\text{真}$$

正好相反，但它们同样清楚与确定；它们处于相同的逻辑水平上．然而两个结论之间存在着巨大差别．

$$A\text{假}\qquad\qquad A\text{更可靠}$$

这两个结论属于不同的逻辑范围．论证模式的结论处于同前提相同的范围，但是我们的合情推理模式的结论有不同特点，不那么鲜明，没有充分表达出来．

合情结论可以同一个有方向与大小的力相比较．这个结论朝某个方向推我们：A变得更可靠．这个结论也有某种强度：A也许变得可靠得多或只稍许一点儿可靠．结论没有充分表达出来并且没有得到前提的充分支持．方向为前提所表达，所蕴含；强度却不为前提所表达，所蕴含．对任何明理的人来讲，前提包含A变得更可靠（确实不是不可靠），但是我的朋友和我会在A变得更可靠到什么程度上产生意见分歧．方向与个人无关，但强度可以与个人有关．我的朋友与我会诚实地对结论的份量有不同意见，因为我们的脾气，我们的背景，以及我们说不出来的理由可以是不相同的．可是结论的强度关系重大．如果两个陪审员对一个结论作出强度不同的判断，一个会赞成开释而另一个就会反对开释．如果两个科学家对一个结论的强度作出不同的判断，一个会赞成着手做个试验而另一个会反对这样做．

当人们把我们的合情推理模式的结论同推理人的实际信念与行为相比较的时候，结论就显得像是偏向一方的：它不过表达了一个方面，而忽视了另一个方面．如果我们认识到这一点，合情推理的特点也许不像是不可捉摸与难以理解的了．无论如何，现在我们准备更好地把论证的与合情的模式进行逐点比较．下面各段的每一段编号参照前面 §2 的对应的编号段．

（1）当我们正按照我们的合情推理模式推理的时候，我们遵从一条原则：结论的证实加强猜想．这条原则似乎是公认的，与个人差异及人的个性无关的．那么我们的模式就显得与个人无关了．

然而，我们要为那种“与个人无关”付出代价．我们的模式是与个人无关的，因为它被限制于合情推理的一个方面而偏向一方．当我们提出“这个结论的证实使猜想增强了多少份量”问题的时候，我们为个人差别打开了大门．

（2）在前面几章里，我们举了很多例子力求说明，在处理数学猜想时，我们是自然地遵循合情推理模式的．在自然科学中，一些基本原理是公认的，同时在法庭上以及在日常生活中也有某些基本原则被默认．结论的证实被当作在任何领域里的猜想的合理证据．因此我们的模式似乎是具有普遍性的．

然而，我们是为那种“具有普遍性”而付出代价的．我们的模式具有普遍性，因为它被限制于合情推理的一个方面而偏向一方．当我们提出“这样的证据的份量有多大？”问题时，所具有的普遍性变得模糊了．为了判断证据的份量，你应熟悉有关的领域；为了有把握地判断份量，你不得不成为该领域的专家．然而你不可能熟悉所有领域，同时你更不可能成为所有领域的专家. 因此我们中的任何一个人都会很快地发觉到，合情推理的普遍性在实际应用中是有限制的.

（3）到这里为止，以前所讲的，是说合情结论受前提支持的.在前提所提供的证据的基础上更相信 A 是合理的. 然而，稍后我们会接受新知识，那个新知识不改变我们对前提的信赖，但会改变我们的关于 A 的观点：我们会发觉 A 较不可靠，或者我们甚至可以成功地证明 A 为假.

这并不构成对推理模式的反对：就前提中所叙述的证据情形来讲，结论得到了辩护. 陪审团的裁决可以宣告无罪或开释犯人，可是裁决的如此不公正也许是有理由可以得到辩护的：在可获得的证据基础上没有可行的更好的裁决. 这就是合情推理的特点，因此我们的合情推理模式可以被称之为自身独立的.

然而这类自身独立或"能自给的"并不意味着有永久性. 况且，在我们的（偏向一方的）模式的结论中没有被提到过的但仍然有重要性的证据的份量，它要依赖于在前提中没有被提到过的东西. 结论的强度(不是它的方向)需要前提以外的东西.

（4）我们不能"拆开"合情推理的结论. 倘若不参考"使 A 更可靠"的那种情况所解释的前提，"使 A 更可靠"这句话是没有意义的. 引用了前提，合情结论就有了十分完整的意义，并且是完全合理的. 但是随着时间的流逝，虽然前提还是原样不动，合情结论价值可能减少. 合情结论刚出现的那一会儿会有很大价值，但知识的提高像要降低它的价值：它的重要性只是瞬间的、不定的、短暂的、临时的.

简而言之，我们的合情推理模式是偏向一方的，同时为在关系重大的事情上产生不同意见留下了充分余地，然而，以这种一边倒为代价，它具有与个人无关的，普遍性的，甚至有点儿自身独立的特性. 尽管如此，它不可避免只是临时的.

如果为我们的合情推理模式在若干方面没有论证推理那么完备而惋惜，那将是愚蠢的. 相反，我们应该感到有点满足于我们稍微澄清了我们从开头就怀疑的一个差异.

从一开始,两种推理就有不同任务,这点是清楚的. 从开头它们就显得很不同: 论证推理看作是确定的, 最终的, “像机器似的”;而合情推理看作笼统的,临时的,特别“通人情的”. 现在我们可以把两者的差异区分得再清楚一点. 同论证推理相反, 合情推理把非常重要的一点留作等待确定: 结论的“强度”或“份量”. 这个份量不仅会依赖于像前提中所叙述的那些弄清楚了的根据, 而且也依赖于存在于引出结论的人的背景的某些地方的没有弄清楚的和未表达出来的根据. 人有背景,机器就没有. 事实上,你能建造一台机器为你引出论证结论,但是我想你决不能建造一台机器,它会引出合情推理来.

§4. 概率演算的一个方面. 困难

在形成物理理论的时候非常重要的一步是它能以数学术语被确切地陈述出来. 现在,在我们研究合情推理的进程中,已经到了该接触这个问题的时候了; 我们必须以数学术语确切陈述我们的关于合情推理的观点.

如果试图确切陈述合情推理理论, 就不能不顾及到一个历史事实: 概率演算是由拉普拉斯所考虑的并被许多其他杰出的科学家当作合情推理规则的近似表示. 有一些赞成这个观点的论据, 也有一些反对这个观点的论据. 我们就从考虑某些困难开始吧.

我们希望使用概率演算, 以使我们的关于合情推理的观点更精确. 可是我们可能对这样一个行动有些担心, 因为我们已经在前一章看到概率演算是(十分满意的)随机大量现象理论. 概率演算怎么可能既是大量现象理论又是合情推理逻辑呢?

这不是一个强有力的障碍; 这里没有真正的困难. 概率演算可能是两种东西,可能有两种解释. 事实上,一个数学理论会有几种不同解释. 同一个微分方程(拉普拉斯方程)描述了不可压缩的无粘性流体的稳定无旋流动及静电场力的分布. 同一个方程也描述了热的稳定流动、电的稳定流动,在适当的条件下溶解于水的盐的扩散、以及其他现象. 因此不能先验地排除同一个数学理论可以适合两个目的. 也许，我们可以把概率演算用于描述随机大量现象并使我们的合情推理规则系统化.

然而，重要的是在这两种解释之间进行清楚的区别. 因此，我们可以在两种解释里用符号 Pr{*A*}（见例 14.26），但要注意细心区别，同时我们必须十分清楚地理解符号的两种含义，并晓得两种含义之间的差别.

在前面一章论述随机大量现象之中，我们考虑过诸如男孩的出生，在某个指定地区雨滴的下落，用一粒骰子掷出指定的点数，以及等等的某类事件 *A*. 我们用过符号 Pr{*A*} 指明事件 *A* 的概率，亦即事件 *A* 的长时期相对频率的理论值.

然而，在本章我们必须同合情推理打交道. 我们考虑某个猜想 *A*，同时我们关心这个猜想 *A* 的可靠性，支持 *A* 的证据的强度，我们对 *A* 的信赖，我们应该相信 *A* 的程度，简而言之，猜想 *A* 的可靠性. 我们将以符号 Pr{*A*} 来指明 *A* 的可靠性.

因此，在本章我们将按它的第二种含义把符号 Pr{*A*} 用作"可靠性"，除非我们明确地说明其另一种含义. 这样使用符号是不该反对的，如果我们不想招致严重反对，那么我们必须小心地讨论可靠性概念.

首先，要避免二义性. 符号 Pr{*A*} 必须表示 *A* 的可靠性，或者关于猜想 *A* 的证据的强度. 如果这种证据是令人信服的，则它是强有力的. 如果它使某人承认它就是令人信服的. 可是我们没有说过它应该使谁承认：你，或我，或史密斯先生，或琼斯太太，或哪个人？证据的强度也可能被想像得与个人无关. 如果我们这样来理解它，至于究竟是你或我或任何其他人对所提出来的猜想产生的信赖程度就是个无关紧要的问题. 但是关系重大的是我们中的任何一个必须有的合理信赖程度. 我们还是没有说过，因而我们还必须决定，我们将在多精确的意义上使用术语"*A* 的可靠性"及相应的符号 Pr{*A*}.

还有另外一个困难. 物理学家所考虑的诸如"质量"，"电荷"，或“反应速度”的大小有一个运算定义；例如，如果物理学家想要确定一个电荷的大小，他确切地知道他必须进行哪种运算．“长时期相对频率”的定义，虽然它比不上一个电荷那样更清楚，还是运算性的；它提出确定的运算，我们能保证这种运算可以得到这样一个频率的适当的数值．关于“一个猜想的可靠性”概念的麻烦是我们不知道关于它的任何运算定义．琼斯先生是不诚实的这种猜想的可靠性有多大？此刻这个可靠性在琼斯太太心里会有一个确定的值（我们希望是一个非常小的值），但是我们不知道怎样用数字去确定那个值．在牛顿的《原理》的第一版中所公布的在观察的基础上来判断万有引力定律的可靠性有多大？我们中间的一些人可能对这个问题有极大兴趣．（也许不是对琼斯太太，而是对拉普拉斯或凯恩斯，如果他们还活着的话——见本章前头的引文．）但是没有一个人敢于对这样一个可靠性提出一个确定的数值．

我们还必须给“猜想A的可靠性”这个术语及相应的符号$\Pr\{A\}$以相宜的解释．这个解释必须不受运算定义的困难的影响．此外，这是主要的事情，这个解释必须使我们能系统地、实际地看到合情推理的各种规则．

§5．概率演算的一个方面．一个尝试

你刚才被介绍给艾尼鲍迪(Anybody)先生，同时你不得不对他说几句话．你们两个彼此真的是完全陌生的，因而你们的谈话是慎重的．你还不得不说到诸如“明天要下雨”，“布鲁斯会赢得下一场大赛”，“某某公司明年会付比较高的红利”，“某人太太是不忠实的，所以她的离婚已成为城里人的话题”，“脊髓灰白质炎是由病毒引起的”等各种肯定的说法，或者任何别的肯定的说法，A，B，C，D，E，…．艾尼鲍迪先生还给所说的A添上一个确定的信任程度$\Pr\{A\}$．如果你是很聪明的，过了一会儿你可能感到与艾尼鲍迪先生在一起呆了一会儿之后，$\Pr\{A\}$是变低了或者是变高了．然而不管你怎样聪明，我不相信你会认为$\Pr\{A\}$有一个确定值，

它是艾尼鲍迪先生眼里的陈述 A 的可靠性.（虽然那可能是有趣的；$\Pr\{A\}$，$\Pr\{B\}$，$\Pr\{C\}$，…的值可能鲜明地表明了艾尼鲍迪先生的个性特征.）

让我们成为现实主义者，并承认处理明显地超出我们的手段之外的任务的不可能性：让我把 $\Pr\{A\}$，艾尼鲍迪先生眼里的猜想 A 的可靠性看作是一个确定的正分数

$$0 < \Pr\{A\} < 1,$$

然而它的数值，我们并不知道. 同时让我们类似地处理 $\Pr\{B\}$，$\Pr\{C\}$，…，如果 B，C，…是猜想的话，即清楚而确切的（也许是数学的）陈述，然而，艾尼鲍迪先生此刻并不知道它们是真还是假. 然而，如果 A 为真，同时艾尼鲍迪先生是晓得的，我们就取 $\Pr\{A\} = 1$. 如果 A 为假同时艾尼鲍迪先生也是晓得的，我们就取 $\Pr\{A\} = 0$.

我认为我们不知道 $\Pr\{A\}$，$\Pr\{B\}$，…的数值不会真正地有损于我们. 实际上，此处我们没有参与艾尼鲍迪先生的个人意见. 我们参予了与个人无关的及具有普遍性的合情推理规则. 首先，我们想知道究竟是否有这种规则，然后我们想知道概率演算是否真的揭露出，还是没有揭露出这种规则（如拉普拉斯和别的支持者那样）. 此刻我们宁愿希望有这种规则，同时艾尼鲍迪先生，作为一个聪明人，他按照这种规则进行推理，而把某种可靠程度 $\Pr\{A\}$，$\Pr\{B\}$，$\Pr\{C\}$，…加到所讨论的陈述 A，B，C，…上去. 所以我看不出我们不知道 $\Pr\{A\}$，$\Pr\{B\}$，$\Pr\{C\}$，…的数值会有有损于我们的地方.

因此，让我们试着把概率演算规则应用到依照所解释的可靠性 $\Pr\{A\}$，$\Pr\{B\}$，$\Pr\{C\}$，…上去：量度那位空想出来的或理想化的人，艾尼鲍迪先生的信赖程度的正分数. 我们想看到，这样做的时候，我们是否能引出任何可以被合理地解释为一个与个人无关的，及具有普遍性的合情推理规则. 当然，我们的尝试也许失败，但是在此刻我不可能想到为什么会失败，因此我谨慎地抱有希

望.

§6. 审定一个结论

艾尼鲍迪先生正从事研究某个猜想 A. 这个猜想已被清楚而确切地陈述了,但艾尼鲍迪先生不知道 A 是真还是不真,并且他非常想找出是哪种情况: A 是真的还是假的? 他看出了 A 的某个结论 B. 他满足于

$$A \text{蕴含} B.$$

可是他不知道 B 是真还是假,并且往往当他研究 A 觉得腻了的时候,他就想转而研究 B.

我们已经多次考虑过这种情况,而现在我们想把它当作概率演算来考虑. 我们要对三个可靠性: $\Pr\{A\}$, $\Pr\{B\}$ 与 $\Pr\{A/B\}$ 给于应有的注意. 艾尼鲍迪先生清楚地知道 A 与 B 是未证实而又没有被驳倒过,但是他相信它们到某种程度并且这种程度分别由 $\Pr\{A\}$ 与 $\Pr\{B\}$ 来表示. 如果他晓得 B 为真,他可能相信 A 的程度 $\Pr\{A/B\}$ 也在他的审议中起重要作用.

我们没有办法给这些可靠性中的任何一个指定一个数值. 即使我们往往能够想像出随着艾尼鲍迪先生的知识状态的变化,会在哪个方向上改变一个或另一个的值. 无论如何,概率演算提供了一个它们之间的关系.

事实上,按照一个概率论的基本定理(见例 14.26(2)),

$$\Pr\{A\}\Pr\{B/A\}=\Pr\{B\}\Pr\{A/B\}.$$

1) 最初概率演算大概是处理信任(信赖,确认,确实,…)程度而不处理多少有点儿理想化的相对频率,这是许多作者的意见,在他们中间我只引证了两个: J. M. 凯恩斯,《论概率》(J. M. Keynes, *A treatise on probability*)(特别参阅 34,66,160 页),与 B·戴芳梯,"预知,它的逻辑规则,它的主要来源"(B·de Finetti, La prévision, ses lois logiques, ses sources subjectives),亨利·庞加莱,《学院年鉴》(*Annales de l'Institut, Henri Poincaré*),第 7 卷(1937),1~68 页. 没有篇幅来解释我同这些作者的不同观点,或他们之间的不同观点,我只表示对这两位的感谢. 这里所采用的观点是相似于、但不完全相同于我以前论文的观点. 以前的论文是:"启发式推理与概率论"(Heuristic reasoning and the theory of probability),《美国数学月刊》(*American Math. Monthly*),第 48 卷(1941),450~465 页.

可是现在，由于A蕴含B，如果A为真，B必为真，因而

$$\Pr\{B/A\} = 1.$$

因此我们得到

(I) $$\Pr\{A\} = \Pr\{B\}\Pr\{A/B\}.$$

让我们把这个问题的内容弄得具体点.

(1) 艾尼鲍迪先生曾决定研究这个猜想A的结论B. 他还是没有从研究中得出结论. 然而他时常看到B可能是真的迹象，也时常看到相反的迹象. 于是他对B的信任，我们称之为$\Pr\{B\}$，也时而提高时而下降. 可是他没有观察到会使他的关于A与B之间的关系或关于$\Pr\{A/B\}$的观点得以改变的任何东西. 所有这些是怎样影响$\Pr\{A\}$，即他对A的信任的?

式(I)说明，倘若$\Pr\{A/B\}$保持不变，$\Pr\{A\}$就朝同$\Pr\{B\}$一样的方向改变. 这同我们的前面注记一致，特别同§13.6中的那些一致. (要注意，我们只是考虑往往能确定的改变方向，而不考虑决不能精确地知道的改变量.)

(2) 艾尼鲍迪先生证实了他原先研究的猜想A的结论B. 在证实B之前，他对B已经有了些信任，其程度我们已经用$\Pr\{B\}$表示过；他也对A有了些信任，其程度为$\Pr\{A\}$. 他往往考虑$\Pr\{A/B\}$，即证明B之后他可能对A的信任. 在证明B之后，他对B的信任达到最大值1，同时他对A的信任当然变为$\Pr\{A/B\}$. (在式(I)中以1代$\Pr\{B\}$，我们可以形式地得到A的可靠性新的值.) 此处我们假定他的关于A与B之间关系的观点及他对$\Pr\{A/B\}$的估值保持不变.

注意到$0 < \Pr\{B\} < 1$，从式(I)我们导出不等式

(II) $$\Pr\{A\} < \Pr\{A/B\}.$$

现在，$\Pr\{A\}$及$\Pr\{A/B\}$分别表示证明B之前与之后的A的可靠性. 因此不等式(II)是一个原则的形式表示式，这个原则我们是如此经常地碰到过：一个结论的证实使一个猜想变得更可靠；例如，参阅§12.1.

(3) 可是我们还能从式(I)学到更多的东西，我们把它写成

$$\text{(III)} \qquad \Pr\{A/B\} = \frac{\Pr\{A\}}{\Pr\{B\}}.$$

等式左边,即在证实B之后A的可靠性,是借研究者分别对A与B在证实B之前的信任来表示的．让我们把成功的证实结论的各种实例进行一个比较．这些例子有一个情况是共同的：在猜想A的结论B证实之前已经给了A(研究目标)以同样的信任$\Pr\{A\}$．可是这些例子在另一个方面是不相同的：在一些例子里人们指望结论B(它终于被证实了)更可靠，而在另一些例子里则更不可靠．即我们把$\Pr\{A\}$当作常数而把$\Pr\{B\}$当作变量．$\Pr\{B\}$的变化是如何影响由结论B的证实所得的证据的份量的?

让我们对极端情况给予应有的注意．既然B是A的结论,当A为真时B确实为真,因而B的可靠性$\Pr\{B\}$不可能小于A的可靠性$\Pr\{A\}$．另一方面没有一个可靠性能超过一个必然性：$\Pr\{B\}$不能大于1．我们确定了界限，$\Pr\{B\}$被包含在这界限之间:

$$\Pr\{A\} \leqslant \Pr\{B\} < 1.$$

达到下界时,不仅A蕴含B,而且B也蕴含A,结果两个断言A与B等价,同时成立又同时不成立,在那种情况里它们当然是同样可靠．上界1不可能真正达到：如果它被达到，在研究之前B就应该是真的，而我们并没有把这种情况包括在我们的考虑之中．然而可以趋于上界：在审定之前，B几乎可以是真的．当$\Pr\{B\}$在它的边界两端之间变化时，由B的证实所得的证据是如何变化的?

当$\Pr\{A/B\}$,即由结论B的证实所得的对A的新的信任较大时,证据就较强．那可以从关系式(III)看出

当$\Pr\{B\}$从1减少到$\Pr\{A\}$时，

$\Pr\{A/B\}$从$\Pr\{A\}$增大到1．

这个陈述以一种新的语言表达了我们在以前已经认识到的一点：**由于猜想的结论之一的证实，而使我们对猜想信任的增大是和这种证实以前的结论的可靠性成反比例变化的**．结论越是意外，它的证实就越有份量．最意外的结论的证实是最令人信服的，而我

们无论如何不十分怀疑的($\Pr\{B\}$ 几乎为 1) 结论的证实同证据一样几乎没有价值.

(4) 刚才所讨论的情况可以从另一个观点来看. 用一些简单概率演算规则(参阅例 14.26 公式 (4), (2), (3), 按这个顺序) 我们得到

$$\begin{aligned}\Pr\{B\} &= \Pr\{AB\} + \Pr\{\bar{A}B\} \\ &= \Pr\{A\}\Pr\{B/A\} + \Pr\{\bar{A}\}\Pr\{B/\bar{A}\} \\ &= \Pr\{A\} + [1 - \Pr\{A\}]\Pr\{B/\bar{A}\}.\end{aligned}$$

在推导到最后一行时, 我们也用到表示 B 是 A 的结论的 $\Pr\{B/A\} = 1$. 用刚才导出的值代 $\Pr\{B\}$, 由 (III) 我们得到

$$\text{(IV)}\qquad \Pr\{A/B\} = \frac{\Pr\{A\}}{\Pr\{A\} + [1 - \Pr\{A\}]\Pr\{B/\bar{A}\}}.$$

让我们像以前那样假设 $\Pr\{A\}$ 是常数;即让我们通盘考虑各种情况,在这些情况里对被审定的猜想 A 的信任,在检验 A 的结论 B 之前是相同的. 可是 $\Pr\{A/B\}$, 即在证实 B 之后的 A 的可靠性还依赖于 $\Pr\{B/\bar{A}\}$, 即在假设 A 为非真之下,检验 B (当然,在证实之前)的可靠性. 并且 $\Pr\{B/\bar{A}\}$ 是可变的;事实上,它能取 0 与 1 之间的任何值. 现在, 按我们的公式 (IV),

当 $\Pr\{B/\bar{A}\}$ 从 1 减少到零时,

$\Pr\{A/B\}$ 从 $\Pr\{A\}$增大到 1.

这个陈述以一种新的语言表示我们在以前 (§13.10) 讨论过的一点. 让我们检查一下极端情况. 如果没有 A 的 B 几乎是不可信的 ($\Pr\{B/\bar{A}\}$ 几乎为 0),则结论 B 的证实使得猜想 A 接近于可靠. 另一方面,即使 A 为假, 我们也的确不会怀疑 ($\Pr\{B/\bar{A}\}$ 几乎为 1), 结论 B 的证实几乎没有让我们对 A 增添什么信任.

§7. 审定一个可能的根据

在前一节的广阔而慎重的讨论之后, 我们能稍微更快一点继续观察类似情况.

此处有这样一种情况: 我们研究的目标是一个确定的猜想

A. 我们看到一个关于A的可能根据，即一个命题B，A要从B推出：

A为B所蕴含.

我们开始研究B. 如果我们证实了B，A也会被证实. 可是B弄清楚是假的. 证实B为假是如何影响我们对A的信任呢?

让概率演算来回答这个问题. 由于B蕴含A，则

$$\Pr\{A/B\}=1.$$

让我们把这个式子同某些基本公式合并在一起(见例 14.26 (4)，(2)，(3))：

$$\begin{aligned}\Pr\{A\}&=\Pr\{AB\}+\Pr\{A\bar{B}\}\\&=\Pr\{B\}\Pr\{A/B\}+\Pr\{\bar{B}\}\Pr\{A/\bar{B}\}\\&=\Pr\{B\}+(1-\Pr\{B\})\Pr\{A/\bar{B}\}.\end{aligned}$$

因此我们得到

$$\text{(I)}\qquad \Pr\{A/\bar{B}\}=\frac{\Pr\{A\}-\Pr\{B\}}{1-\Pr\{B\}}.$$

左边表示在已经被驳倒的B(乃是一个关于A的可能根据)之后的A的可靠性. 右边表示驳倒B以前的情况. 顺便还可以对右边进行变换，以使式(I)以如下形式出现

$$\Pr\{A/\bar{B}\}=\Pr\{A\}-\Pr\{B\}\frac{1-\Pr\{A\}}{1-\Pr\{B\}},$$

因此我们知道

$$\text{(II)}\qquad \Pr\{A/\bar{B}\}<\Pr\{A\}.$$

这个不等式的两边都表示猜想A的可靠性，左边是驳倒B之后的，右边是驳倒B之前的. 因此，不等式(II)表达一个规则：**当一个关于猜想的可能根据被驳倒了的时候，我们对猜想的信任只能减少**(参阅§ 13.2).

我们还能从式(I)学到更多的东西. 让我们把$\Pr\{A\}$看作常数，同时把$\Pr\{B\}$看作变量. 我们来考察各种情况，这些情况在一个重要方面是不相同的：即在我们对B的信任的程度方面. 我们对B的信任也许很小，但它不能任意大：它决不能超过我们对

A的信任．因为，如果B为真，A也为真．（然而即使B为假，A还可能为真．）因此，我们确定端点值，$\Pr\{B\}$ 就在其间变动：

$$0 < \Pr\{B\} \leqslant \Pr\{A\}.$$

我们从式 (I) 知道

当 $\Pr\{B\}$ 从 0 增加到 $\Pr\{A\}$ 时，

$\Pr\{A/\bar{B}\}$ 从 $\Pr\{A\}$ 减少到 0.

如果我们对猜想的可能根据越相信，则当那个可能根据被驳倒时，我们对猜想的信任损失就越大．

§8. 审定不相容的猜想

现在我们考虑另一种情况：我们审定两个不相容的猜想，A与B．当我们说A同B相抵触或

A与B是不相容的，

我们的意思是当它们中的一个为真时则蕴含着另一个为假．实际上，我们主要是研究A，开始研究B是因为我们认为研究B可能把A弄明白．事实上，证实B为真会证实A为假．可是我们证实了B为假．这个结果是怎样影响我们对A的信任呢？

让概率演算来回答．我们先用这种演算语言来表示A与B不相容．换言之，这个意思是A与B不能都是真的，因此

$$\Pr\{AB\} = 0.$$

现在我们从基本公式(参阅例 14.26 (4), (2), (3)) 得出结论

$$\begin{aligned}\Pr\{A\} &= \Pr\{AB\} + \Pr\{A\bar{B}\}\\ &= \Pr\{A\bar{B}\}\\ &= \Pr\{\bar{B}\}\Pr\{A/\bar{B}\}\\ &= (1-\Pr\{B\})\Pr\{A/\bar{B}\},\end{aligned}$$

最终此式给出

(I) $$\Pr\{A/\bar{B}\} = \frac{\Pr\{A\}}{1-\Pr\{B\}}.$$

显然式 (I) 蕴含不等式：

(II) $$\Pr\{A/\bar{B}\} > \Pr\{A\}.$$

左边指的是驳倒 B 之后的情况，右边指的是驳倒 B 之前的情况．因此我们能把 (II) 看作具有如下意思：当一个不相容的对抗猜想被驳倒了的时候，我们对一个猜想的信任只能增加（参阅 §13.3 ）．

我们还能从式 (I) 学到更多的东西．让我们把 $\Pr\{A\}$ 看作常数，同时把 $\Pr\{B\}$ 看作变量．我们来确定边界，$\Pr\{B\}$ 可以在其间变化．当然，$\Pr\{B\}$ 可以是任意小．可是 $\Pr\{B\}$ 不能任意大；实际上，它绝不能超过 $\Pr\{\bar{A}\}$．如果 B 为真，则 $\bar{A}$ 更加真．由于 $\Pr\{\bar{A}\}$ 等于 $1-\Pr\{A\}$，则

$$0<\Pr\{B\}\leqslant 1-\Pr\{A\}.$$

我们从式 (I) 知道

当 $\Pr\{B\}$ 从 0 增加到 $1-\Pr\{A\}$ 时，

$\Pr\{A/\bar{B}\}$ 从 $\Pr\{A\}$ 增加到 1．

即我们越相信一个与我们的猜想不相容的对抗猜想，则当对抗猜想被驳倒时，我们对猜想的信任增加得越多．

§9. 审定几个接连的结论

现在我们考虑下面的重要情况：我们研究的目标是某个猜想 A．此刻我们尚不知道将如何决定 A 是真还是假．可是我们知道 A 的几个结论 $B_1, B_2, B_3, \cdots$：

A 蕴含 B_1，A 蕴含 B_2，A 蕴含 $B_3, \cdots$．结论 $B_1, B_2, B_3, \cdots$ 是比 A 本身更可达到的，因而我们决定一个接一个地审定它们．(这是自然科学的典型处理手法:本来我们没有办法审定一般定律，因此我们借检验几个结论 $B_1, B_2, B_3, \cdots$ 来审定它.）我们已经审定了结论 $B_1, B_2, B_3, \cdots, B_n$，并且我们证实了所有结论：$B_1, B_2, \cdots, B_n$，弄清楚都是真的．现在我们正在检验下一个结论 B_{n+1}：结果会如何影响我们对 A 的信任呢?

为了按照概率演算找出答案，我们从这种运算的一般规则开始（见例 14.26 (5)）：

$$\Pr\{A/H\}\Pr\{B/HA\}=\Pr\{B/H\}\Pr\{A/HB\}.$$

我们取 $B=B_{n+1}$．现在，由于 B_{n+1} 是 A 的一个结论，

$$\Pr\{B/HA\} = \Pr\{B_{n+1}/HA\} = 1,$$

因此我们看出

$$\Pr\{A/H\} = \Pr\{B_{n+1}/H\}\Pr\{A/HB_{n+1}\}.$$

我们取 $H = B_1 B_2 \cdots B_n$ 并得到明确的公式:

(I) $\Pr\{A/B_1\cdots B_n\} = \Pr\{B_{n+1}/B_1\cdots B_n\}\Pr\{A/B_1\cdots B_n B_{n+1}\}.$

为了正确理解 (I), 我们必须了解

$$\Pr\{A/B_1\cdots B_n\} \text{ 与 } \Pr\{B_{n+1}/B_1\cdots B_n\}$$

分别表示在 $B_1, B_2, \cdots, B_n$ 被证实之后,当然在 B_{n+1} 被证实之前, A 与 B_{n+1} 的可靠性.

$\Pr\{A/B_1\cdots B_n B_{n+1}\}$ 表示在 A 的 $n+1$ 个结论 $B_1, B_2, \cdots B_n$ 与 B_{n+1} 的证实之后 A 的可靠性.

我们必须记着这些含义, 然后我们可以假定 (I) 是一个关于归纳推理的精确而富有创造意义的命题.

首先让我们集中注意 $\Pr\{B_{n+1}/B_1\cdots B_n\}$; 这个可靠性的值在多数情况里将小于 1, 仅当 $B_1, B_2, \cdots, B_n$ 为真使得 B_{n+1} 也为真时,即仅当 $B_1, B_2, \cdots$ 及 B_n 共同蕴含 B_{n+1} 时,它等于 1. 如果不是这个情况,我们可以从 (I) 导出不等式:

(II) $\Pr\{A/B_1\cdots B_n\} < \Pr\{A/B_1\cdots B_n B_{n+1}\}.$

即如果新结论不是被以前证实了的结论所蕴含, 则新结论的证实就增强我们对猜想的信任.

让我们把式 (I) 写成形如

(III) $$\Pr\{A/B_1\cdots B_n B_{n+1}\} = \frac{\Pr\{A/B_1\cdots B_n\}}{\Pr\{B_{n+1}/B_1\cdots B_n\}}.$$

左边指的是证实 B_{n+1} 之后的情况; 右边指的是证实 B_{n+1} 之前的情况. 让我们把 A 与 $B_1, B_2, \cdots, B_n$ 的关系看作是固定的, 但把 B_{n+1} 与 $B_1, B_2, \cdots, B_n$ 的关系看作可变的. 然后我们把 (III) 解释为如下的意思: 由新结论的证实所引起的我们信任的增加 (或由这个证实所提供的证据的份量) 是同按照先前证实了的结论 (当然,是在新结论证实之前)所估计的新结论的可靠性成反比例变化的.

我们可以用别的语言来表示同一个规则．当我们开始检验我们的猜想 A 的结论 B_{n+1} 时，我们面对着弄清楚 B_{n+1} 会是假的可能性，在这种情况里 A 将被推翻．由先前被证实了的结论 B_1，B_2，…，B_n 看来，当 $\Pr\{B_{n+1}/B_1\cdots B_n\}$ 小时按证实 B_{n+1} 为假去推翻 A 的机会似乎增加了．因此我们能对（Ⅲ）作如下解释：一个结论，如果根据以前的证实来判断，越是有较大可能要推翻所提出的猜想时，那么当它不顾前兆而一旦被证实了的时候，它就越显示出有更强的归纳证据．更简短地说："越危险，越光荣．"如果一个逃脱被驳倒的危险的猜想，它将按所包含的危险的比例受到尊敬．

从我们的讨论一开始，我们就考虑了一个提出来的猜想的几个结论的连续证实所提供的归纳证据．极端情况是最显眼的．让我们再一次通盘考虑它们（只增添一点点真实性）并把我们的注意力集中到这一时刻，即在证实了猜想 A 的结论 B_1，B_2，…，B_n 之后，我们开始仔细考察新结论 B_{n+1} 的时刻．

在仔细考察之下新结论 B_{n+1} 也许显得与前已证实的结论 B_1，B_2，…，B_n"几乎没有什么不同"．这样一种情况是不太令人兴奋的．我们有信心期望（按类比方法，按推测来看）B_{n+1} 将被证实与其它结论相似（即 $\Pr\{B_{n+1}/B_1\cdots B_n\}$ 接近于它的最大值 1）．我们简直没有希望 B_{n+1} 的研究会显示某种很新的东西或它会推翻猜想 A，然而当 B_{n+1} 最终被证实时，关于 A 的证据方面的得益也不多．

另一方面，在仔细考察之下新结论 B_{n+1} 可以看作与前已证实的结论 B_1，B_2，…B_n"十分不同"．这样一种情况会使人兴奋．同 B_1，B_2，…，B_n 相类比没有给我们多少理由去期待 B_{n+1} 会被证实（$\Pr\{B_{n+1}/B_1\cdots B_n\}$ 接近于它的最小值）．我们领悟到 B_{n+1} 的研究冒了推翻猜想 A 的危险，但它也有机会去显示出某种新的东西，并且当 B_{n+1} 终于被证实时，关于 A 的证据方面的得益会是很多的．

读者应该回顾一些前面的例子与讨论．（参阅 §3.1～§3.7，第六章，§10.1，§12.2，§13.11，及若干其他章节．）在应有的比较之后，在读者看来本节的式（III）可以作为所包含原则的最简明与最精确的表达．无论如何，如果他能看出我们的一些例子同式（III）的关系，他已经向澄清他的关于一个重要问题的思想迈出了很好的一步．

§10. 关于情况证据

现在我们考虑一个我们在处理法院审判事件的推理中碰到过的情况：我们正在审定一个猜想 A．（这个猜想可能是由原告提出来的一项控告．）我们（陪审团）必须想出 A 是真还是假．一个情况 B 被（原告）提出来了，这个情况同猜想 A 有这样一种关系以使

有 A 的 B 比没有 A 的 B 更可靠．

在诉讼过程中这个情况 B 被如此强有力地确认，以致我们可能把它当作已证实了的事实．（也许 B 甚至还没有遭到反驳．）这究竟怎样影响我们对 A 的信任呢？

让概率演算来回答这个问题。关于 A 与 B 之间关系的基本假设由不等式表示

(I) $$\Pr\{B/A\} > \Pr\{B/\bar{A}\}.$$

按概率论的基本公式（参阅例 14.26），

$$\Pr\{A\}\Pr\{B/A\} = \Pr\{B\}\Pr\{A/B\},$$

$$\Pr\{B\} = \Pr\{A\}\Pr\{B/A\} + (1 - \Pr\{A\})\Pr\{B/\bar{A}\}.$$

把这些合并起来，我们得到

(II) $$\frac{\Pr\{A\}}{\Pr\{A/B\}} = \Pr\{A\} + (1 - \Pr\{A\})\frac{\Pr\{B/\bar{A}\}}{\Pr\{B/A\}}.$$

用（I），我们从（II）得出结论

(III) $$\Pr\{A\} < \Pr\{A/B\}.$$

这不等式的两边表示猜想 A 的可靠性，左边是在情况 B 证实以前的，右边是在 B 证实以后的．因此，不等式（III）表达一个规则：如果有某个猜想的某个情况比没有某个猜想的更可靠，则那个情况的证明只能提高那个猜想的可靠性．（参阅 §13.13.）

我们还能从式（II）学到更多的东西．让我们把 $\Pr\{A\}$ 和

$\Pr\{B/A\}$ 看作常数，而把 $\Pr\{B/\bar{A}\}$ 看作变量．那么 $\Pr\{A/B\}$ 依赖于 $\Pr\{B/\bar{A}\}$：

当 $\Pr\{B/\bar{A}\}$ 从 $\Pr\{B/A\}$ 减少到 0 时，

$\Pr\{A/B\}$ 就从 $\Pr\{A\}$ 增加到 1．

即若没有某个猜想的情况似乎越不可靠，则那个情况的证明将把那个猜想的可靠性提高得越多．在 §13.13 里，沿所考虑例子的引导，我们得出非常接近于这个规则的结论．

强的司法证据是全都表明同样结论的几个证实相合的结果；见 §13.13 (4)．如果有几个情况 $B_1, B_2, B_3, \cdots$ 其中每个有 A 比没有 A 更可靠，并且它们连续地被证实，则支持 A 的证据每一步都增加．由一个新证实的情况所引出的附加证据的份量要由各种条件来定．同先前审定的情况十分不同的新情况（同先前审定的证人明显地无关的新证人）含有特殊份量．为了表达这些论点，同在 §9 中所展开的公式与在 §6 中所介绍的公式有关系一样，我们要展开同本节所介绍的那些有关系的公式．

第十五章的例题和注释

1. 用概率演算审定在 §13.8 中所讨论的情况．

2. 用概率演算审定在例 13.8 的解答中所遇到过的模式．你能证明它吗？

3. 用概率演算再审定例 13.10．

4. 概率与可靠性．在 §5～§10 中讨论的概率演算的特殊"非定量"应用，被指定用来阐明合情推理的某些模式．这些模式主要是由关于数学猜想的启发式推理提出来的．你能把概率演算以同样方式应用到其他种类的例子上去吗？

(1) 设 A_n 是我们正要掷的公平骰子会显示出 n 点 $(n = 1, 2, \cdots 6)$ 的猜想．这些猜想 $A_1, A_2, \cdots A_6$ 是属于在 §5～§10 里我们不特别想审定的一种．还是让我们以同样方式试着处理它们：我们考虑它们的可靠性 $\Pr\{A_1\}, \Pr\{A_2\} \cdots, \Pr\{A_6\}$ 并把概率演算应用于它们．由于 $A_1, A_2 \cdots, A_6$ 互相排斥并取尽所有可能

性，则

$$\Pr\{A_1\}+\Pr\{A_2\}+\cdots+\Pr\{A_6\}=1.$$

既然我们所用的骰子是公平的，它的面是可交换的，六个面中没有一个面比任何别的面更特殊，因此我们不得不假定

$$\Pr\{A_1\}=\Pr\{A_2\}=\cdots=\Pr\{A_6\}.$$

把这个同前面的公式合并起来，我们得到

$$\Pr\{A_1\}=\Pr\{A_2\}=\cdots=\Pr\{A_6\}=1/6,$$

因此使我们认为所考虑的可靠性都有确定数值．我想，艾尼鲍迪先生(我们的来自 §5 的朋友)会不得不得出同样结论．

猜想 A_1 的可靠性弄清楚与一个公平骰子显示一个点的事件的概率有相同数值．然而这没有什么令人惊奇的：因为我们承认相同规则，同时，在计算可靠性及概率的时候假定都具有相同的可交换性(或对称性)．(当然，读者不应该忘记可靠性与概率的定义是完全不同的．)

(2) 前面的讨论应用于许多其它情况．

用三条通过圆心的直线，一个圆面被分成六个相等的扇形．一个雨滴正要落在圆面上．我们称 A_1 为雨滴会落在第一个扇形上的断定，A_2 为它会落在第二个扇形上的断定，如此等等．这个情况基本上同(1)下所讨论的一样，并且结果当然也是相同的：六个断定中的每一个都有同样的 1/6 可靠性．

推广也是显然的：我们不必局限于数 6 或雨滴．我们可以把圆分成 n 个扇形并考虑某个别的种类的随机事件．我们也能把圆的面积变为它的圆周，因而得到如下情况：一个点将由某种随机行为选在圆周上，这个行为并不认为圆周上的随便哪个点是任何特别的点．有人猜想点会落在某段弧上．这个猜想的可靠性是某弧长同整个圆周长之比．

我们能把圆变为球．为简单起见，让我们假定地球是一个圆的球体，而且打在地球上的陨石的方向是任意的——并不认为有任何特别的方向是更好的．有人猜想下一块落在地球上的陨石会打中某个区域．这个猜想的可靠性有多大？如果我们一定要求出

其精确的细节,数学运算将会相当复杂,但是结果恰好同圆的情况一样直观:所求的可靠性是那个区域面积同整个地球表面面积之比.

我们不需要进一步获得类似的,或更一般的情况.然而,让我们考虑两个特殊情况.

在圆周上随机选取的一点会落在离圆周的给定点在一度距离以内的猜想的可靠性是 1/180.

落到地球上的下一块陨石会打在离纽约市中心在一度距离以内的猜想的可靠性是 0.00007615.(这是一块小球冠面积同整个地球面积的比值.)

圆与球具有高度对称性:一个适当的旋转,在不改变作为整体的图形位置前提下,能把图形的一点从图形上的任何给定位置转移到任何其他给定位置.这种对称性本来不足以证明上述结果.在推导它们的时候我们必须假设"物理的"对称,即关于在考虑中的物理作用的几何图形,其任意两点的可交换性.

计算出来的可靠性不会有许多新奇的东西:它们同长时间以来知道的,并且成功地应用到各种大量现象的对应的概率相合.

计算的可靠性一般说来不会同原先我们所估计的可靠性相抵触.当然,我们也不应该太相信这个.

(3) 开普勒只知道有六颗行星绕太阳旋转并想出几何论证,为什么必定正好是六颗行星;见 §11.5.可是望远镜并没有听从他的论证.于 1781 年,开普勒死后大约 150 年,天文学家赫歇尔(Herschel)观察到一颗缓慢移动的星并猜测它是颗彗星;它弄清楚了是在土星轨道外运行的第七颗行星(天王星).在 1801～1806 年间四颗在火星与木星轨道之间运行的小行星(一号,二号,三号与四号小行星)类似地被发现了.(后来有好几百颗这样的小行星先后被发现.)

在牛顿理论的基础上,天文学家们试图计算这些行星的运动.对天王星进行计算的结果并不是很成功的;理论值与观察值之间的差异似乎超过了误差的允许界限.某些天文学家怀疑这些偏差也许是由于在天王星轨道外运行的行星的吸引力造成的，于是法国天文学家勒韦列比他的同事更彻底地研究了这个猜想．审查所提出来的各种解释，他发现只有一种理由可以说明被观察到的天王星运动的“异常现象”：存在一颗天王星以外的行星．他试图从天王星的“异常现象”来计算这样一颗假设行星的轨道．最终勒韦列给假设的行星指定了天空中的确定位置．他给另一个天文学家写信告诉他这件事，而后者所在的天文台有最好的设备可以观察天空的那个部分．信于1846年9月23日寄到，而在当天傍晚一颗新行星就在勒韦列所指定点的一度以内被发现了．它是一颗大的天王星以外的行星，有接近于勒韦列所预告的质量及轨道．

(4) 使这样一个非凡的预告成为可能的理论必定是极好的理论．这也许是我们的第一个印象．让我们试着依照概率演算来澄清这个印象．

T表示成为天文学计算基础的理论：它是由牛顿力学定律及牛顿引力定律所组成的牛顿理论．

N表示勒韦列断言：在确定的某日，会有一颗新行星，它有如此这等质量及如此这等轨道（近似地），在天空的某某点附近．更精确些，设N表示被后来的观察所证实的勒韦列断言的那部分．

$\Pr\{T\}$ 表示在新行星发现日子之前，天文学家们所知道的所有事实基础上的相信理论T的程度．

$\Pr\{T/N\}$ 表示在勒韦列预言N的证实被加到以前所知道的事实上去的时候，对同一个理论T应有的信任程度．

我们认为勒韦列预言的证实增加了对理论T的信任，因而我们相信 $\Pr\{T/N\}$ 大于 $\Pr\{T\}$．实际上，我们发现(按例 14.26 (2))

$$\frac{\Pr\{T/N\}}{\Pr\{T\}}=\frac{\Pr\{N/T\}}{\Pr\{N\}}.$$

$\Pr\{N\}$ 是勒韦列断言N“自身”的可靠性，即未考虑理论T的真与假；在 $\Pr\{T\}$ 的值的计算上作为知识状态的基础同假设是一样对待的．这个 $\Pr\{N\}$ 必定是极小的：在这种情况下，如果我们忽视了牛顿理论T的话，还有什么根据会使我们不得不怀疑有接近于天空中确定点的如此这般精确特性的一颗天王星以外的行星存在？

$\Pr\{N/T\}$ 是按照在理论 T 基础上勒韦列计算的勒韦列断言 N 的可靠性，因而它是与 $\Pr\{N\}$ 很不相同的概念．也许勒韦列并没有明确地证明过有如此这般特性的天王星以外的行星存在才是适合于理论 T 的唯一解释．可是他已非常接近于恰好证明了这一点，因而 $\Pr\{N/T\}$ 离必然性已不太远了．

概括地说，我们可以把 $\Pr\{N/T\}$ 看作离 1 不很远的相当大的分数，而把 $\Pr\{N\}$ 看作趋于 0 的非常小的分数．可是如果我们这样认为，比率 $\Pr\{N/T\}/\Pr\{N\}$ 显得非常大，它必定像是比率 $\Pr\{T/N\}/\Pr\{T\}$，按上面公式，它的值同前面的一样．因此，在勒韦列的预言证实以后，我们对理论 T 的信任 $\Pr\{T/N\}$ 显得比在这个证实以前，我们对同一个理论的信任 $\Pr\{T\}$ 要大得多．

(5) 前面的考虑仍然属于我们在 §5 里曾慎重地限制我们自己的范围，可是让我们把慎重放弃一会儿并专注于某些冒险的概算之中．

勒韦列预言 N 掩藏了许多细节，我们刚才看出了其中一点：新行星将接近天空的某某点．实际上，它被发现在离指出点一度以内(相隔 52′)．正如我们在上面的 (2) 中说过的，在球面上随机地选择的点必须在离一个指定点一度以内的概率能够在简单的假设下算出来．我们断定 $\Pr\{N\}$ 比 0.00007615 小得多．我们可以勉勉强强地把 $\Pr\{N/T\}$ 看作精确地等于 1，然而我们可以推测那一点，取

$$\Pr\{N\} = 0.00007615, \quad \Pr\{N/T\} = 1,$$

我们把第一个可靠性估计得比第二个高得多．因而我们得到不等式

$$\frac{\Pr\{T/N\}}{\Pr\{T\}} > \frac{1}{0.00007615} = 13131.$$

当然，这样一个估计是靠不住的．也许有同牛顿理论 T 完全无关的类似理由，指出一颗新行星接近地球轨道平面比远离它的机会

多．如果我们这样想，我们应该拿更大的、但又小于1的分数

$$1/180 = 0.005556$$

来代替0.00007615；参阅(2).

这种估计量可以没完没了地讨论下去．例如，既然 $\Pr\{T/N\}$ 确实小于1，所说的不等式蕴含

$$\Pr\{T\} < 0.00007615.$$

我们也许总想把这个看作是推翻了所提出来的不等式，看作"归缪法"．事实上，牛顿理论可以被认为牢固地建立于1846年，甚至在海王星发现之前．因此认为T的概率这样低可能显得荒唐．然而，我并不认为在这样情况下我们一定要把可靠性 10^{-5} 看作是低的：我们可以把它认作是逻辑必然性．对这种逻辑必然性的结果我们描述其可靠性为1．它比我们对最好的归纳推广的信任大到无可比拟，这后一种推广的可靠性我们甚至曾把它看作无穷小；参阅例8．

依照这一切，我们可以发现回到§5～§10的，在(4)中我们本来坚持的立场更稳当些．你自己只从定性角度想想看，情况中的哪一个因素发生变化时会怎样影响你的信任，但不要使你自己完全陷入于任何定量估计中去．

5. 可能性与可靠性．我们也许有一个关于概率的猜想．例如，你也许猜想你手里拿的骰子是理想的公平，即每一面有相同的概率1/6．当然，这个猜想是难以相信的．或者你会想那粒骰子的每一面有0.16与0.17之间的概率会是更可靠些．关于概率的猜想是统计假设．经常发生我们只有两个对抗猜想的事：一个"物理的"猜想P与一个统计假设H；参阅§14.9(7)及例14.33．在那种情况里我们可以认真地关心统计假设H的可靠性 $\Pr\{H\}$.

统计观察经常以适当的方式检验统计假设H．设E表示统计观察，它将提供这样那样的结果的预告．让我们考虑可靠性 $\Pr\{E/H\}$ 并假定这个可靠性有一个同概率相等的数值，这概率是在统计假设H基础上算出来的，由E所预告的这类事件会发生的概率．正如我们曾经在例4中看到的，某个(很自然的)可交换性

假设，或对称性假设(包含在统计假设H内)甚至会使我们不得不把可靠性与概率同等看待.

正如我们曾在§14.7(5)中讨论过的，这个可靠性，或概率，$\Pr\{E/H\}$ 可以从两种不同立场去看；也可参阅§14.8(5). 一方面 $\Pr\{E/H\}$ 是在统计假设H基础上算出来的，由E所预告的这类事件的概率. 另一方面，如果这样一个事件实际上发生了并被观察到了，我们倾向于认为 $\Pr\{E/H\}$ 的数值越小H就越不可能，并且由于这个原因，由E所预告的事件确实发生了这一事实作出判断，我们把 $\Pr\{E/H\}$ 称为统计假设H的**可能性**. 参阅§14.7(5)，还有§14.8(5).

现在由例14.26(2)可得

$$\Pr\{H/E\}=\frac{\Pr\{E/H\}\Pr\{H\}}{\Pr\{E\}}.$$

在这个式子里，$\Pr\{E/H\}$ 不仅是可靠性，而且是概率，同时有确定数值. 可是 $\Pr\{H/E\}$, $\Pr\{H\}$, $\Pr\{E\}$ 仅仅是可靠性，并没有假定它们有确定数值[1]. 特别地 $\Pr\{H\}$ 与 $\Pr\{H/E\}$ 两者都表示同一个统计假设的可靠性，但是第一个在由E所预告的事件的观察之前，而第二个在此之后. 让我们不以平常的形式，而是强调 $\Pr\{E/H\}$ 的一个方面来重述上面的公式：

$$\text{事件后的可靠性}=\frac{\text{可能性}\times\text{事件前的可靠性}}{\text{事件的可靠性}}.$$

在观察了由E所预告的事件之后，我们面对一个决定：我们应该抛弃统计假设H，而接受对抗的物理猜想P吗？或者我们应该做什么？我们的决定必须建立在最新信息的基础上，因而建立在事件的观察之后的统计假设的可靠性 $\Pr\{H/E\}$ 的基础上. 在这个可靠性 $\Pr\{H/E\}$ 之中可能性 $\Pr\{E/H\}$ 是因子：它也许是最重要的因子，因为它有按清楚而熟悉的程序可计算的数值，但它还只不过是个因子而已，并不是可靠性的全部表达式.

---

1) 这是通常情况. 唯一的例外是统计学家可以认为 $\Pr\{H\}$ 有数值.

可能性是个重要的指标，但并不是一切．统计学家会巧妙地限制自己计算的可能性，但是如果统计学家的顾客忽视了其他因子，那他会卤莽从事的，他应该小心估量一下事件前的统计假设的可靠性 $\Pr\{H\}$：实际上，当我们谈论 H 的"适当性"，或"现实性"时，我们的意思就是指这个 $\Pr\{H\}$．参阅例 14.33．

6. 拉普拉斯试图连接归纳法与概率．一个袋子按未知的比例装上黑球与白球；连续地摸出 m 个白球与 n 个黑球又放回去．接着摸 $m'+n'$ 次将提供 m' 个白球与 n' 个黑球的概率是多少？

关于袋子和球这个显然无害的问题的特例可以被解释为把归纳推理简化为最简单的表达形式这样一个基本问题．事实上，让我们考虑 $n=n'=0$ 的情况．我们从不知其成份的袋子里摸出 m 个球，并弄清楚所有摸出来的球都是白的，我们可以把这个例子和博物学家做实验的情况作比较，他检验了猜想的 m 个结论并发现所有 m 次观察同猜想一致．博物学家计划做更多的观察．他的下 m 次观察的结果也将同猜想一致的概率是多少？这个问题可以被解释为所提出来的关于袋子和球的问题的特例 $n=n'=0$．

在这个问题里面有一点是含糊的并且是难办的：在袋子里黑球同白球的比例是不知道的．可是从我们所做的解释来看，这一点似乎正是问题的本质：博物学家不能知道自然界的"内部运转"．他只知道他已经观察到的，而我们只知道直到此刻为止在袋子里摸了这么这么多次提供了这么这么多白球．

如果关于袋子里的成份我们什么也不知道，常识会提示我们是不能算出所要求的概率的；一个没有足够数据的问题是不可解的．然而拉普拉斯给了一个解——一个有争议的解．他究竟怎样设法得到解的？

拉普拉斯引进一个补偿数据不足的新原则；这个原则是有争议的．"当一个简单事件的概率未知的时候，我们可以假定这个概率取在 0 与 1 之间所有可能值是同样可能的，"拉普拉斯说．[1] "这是无知的均匀分布，"他这样嘲弄他的反对者．

---

1)《全集》(*Oeuvres complètes*)，第 7 卷，第 XVII 部分．

只要拉普拉斯的有争议的原则被承认了，导出解就是直捷的；这里我们不必考虑它。它的结果是：如果摸 m 次只提供白球，那么接连摸 m' 次也应该只提供白球的概率是

$$\frac{m+1}{m+m'+1}.$$

让我们称这个陈述为“一般连续规则.”最著名的例子是 $m'=1$：如果摸 m 次只提供白球则下一次提也必须摸出一个白球的概率是

$$\frac{m+1}{m+2}.$$

让我们称这个为“特殊连续规则.”[1)]

如果我们把“白球”解释为“同一个自然界的一致观察”同时把“概率”解释为“合理的信任程度”，那么这些规则是可以接受的吗？这个问题提得很恰当，下面我们将讨论它.

(1) 让我们考虑归纳推理的第一个例子. 哥德巴赫猜想断言，从 $6=3+3$ 起，任一偶整数是两个奇素数之和. §1.3 列的表把这个猜想证实到 30. 证实它到 30 之后，我们多少有点自信地期望在下一个例子里，对 32 它也会被证实. 特殊连续规则可以被解释有这种意思. 在前 m 个例子里证实了哥德巴赫猜想之后，我们有权利期望在下一个例子里证实它的概率是

$$\frac{m+1}{m+2}=1-\frac{1}{m+2}.$$

让我们来体会这个意思.当 m 增大时概率也增大：事实上，在过去被证实的例子越多，我们就越自信地期望猜想可以在下一个例子中被证实. 如果 m 趋于 ∞，概率就趋于 1：我们可以希望由于收集到越来越多的证实而越来越趋于必然. 现在让我们考虑两个概率的差，一个对应于 $m+1$ 个以前的证实，另一个对应于 m 个以前的证实：

$$\frac{m+2}{m+3}-\frac{m+1}{m+2}=\frac{1}{(m+2)(m+3)}.$$

1) 这个稍微不同于一般术语. 参阅 J. M. 凯恩斯，《论概率》(J. M. Keynes, *A treatise on probability*), 372～383 页.

当m增大时这个差减小：每一个新的证实都会增添我们的信任，这是真的．但是由于前边的证实次数越来越多因而越往后，每一个新证实所能增添的信任就越来越少．（此时证实的相似性在这方面是本质的；参阅 §12.2．）

现在让我们接下去讲一般连续规则．它可以被解释有这个意思：在前m个例子里证实了哥德巴赫猜想之后，我们有权利期望在它的下m'个例子里的证实有概率

$$\frac{m+1}{m+m'+1}.$$

如果我们让m保持不变，但让m'增大，则此概率减小：实际上，在这种情况下，我们越试图在过去观察的基础上进一步预告前景，我们就越缺乏信心．如果m'无限增大，则概率趋于零．事实上，对m'的所有值的证实会意味着哥德巴赫猜想为真．显然，在给定的观察数m的基础上我们不能断言猜想为真．规则似乎蕴含一个较强的陈述：在m次观察的基础上我们甚至不能认为哥德巴赫猜想有异于0的概率，这样强有力的陈述也许能指明正确方向．

（2）直到此刻连续规则似乎是应该受到尊重的．还是让我们更具体地考察它．让我们赋予m以数值并让我们不忽略日常琐事．那对考虑特殊连续规则来说该是足够的了．

我检验偶数 6，8，10，…，24，则发现它们中的每一个都是两个奇素数之和．根据规则我大概期望 26 也是两个奇素数之和的概率是 11/12．

在一个外国城市里，我好不容易弄懂了他们的语言，我怀着极其疑惑的心情在一家餐馆里进餐．在那儿吃了十次之后我没感到有什么不好的印象，因而我完全放心地第十一次去餐馆．规则表明下一次用餐我不会中毒的概率是 11/12．

一个男孩今天 10 岁．规则表明，活了 10 年之后，他再活一年的概率是 11/12．男孩的祖父活到 70 岁，规则表明他再活一年的概率是 71/72．

这些应用好像是愚蠢的，但是没有一件比拉普拉斯本人的下

列应用更为愚蠢的了．“假定，”他说，“历史倒退5,000年，即1,826,213天．在这段时间里每天太阳都是升起来的，因而明天太阳仍然要升起的概率是1/1,826,213．”[1] 我要特别当心，不能跟我的挪威同事打这样的赌，说不定他有可能设法把我俩都空运到北极圈里的某个地方去．*)

然而规则甚至能制胜这种荒唐事．让我们把它应用到例子 $m=0$ 上去：规则的应用对这个例子应同对任何其他例子一样有效．从而对 $m=0$ 规则断言，没有任何证实的任何猜想也应有1/2概率．谁都能想出例子去证明那样一个断言是荒诞的．（顺便说一句，它本身也是自相矛盾的．）

（3）我们的讨论已经很长了．用较谨慎的语言就会使讨论拖长，并且它有可能再被加长，但是这里总起来讲：如果我们回避数值，连续规则看来也许像是聪明的，但是如果我们静下心来求数值那倒真是愚蠢的．也许，这显示出一个教训：把概率演算应用到合情推理的时候，原则上要回避数值．无论如何，这是本章所主张的观点．

7. 为什么不定量？本章提出一个命题：概率演算应该被应用到合情推理上去，虽然只是定性地．但是有一种强烈的诱惑让我们定量地应用它，因而我们必须审定有关的另外几点．

（1）不可比较的．有个证据说是关于两个奇素数和的哥德巴赫猜想是正确的；见§1.2～1.3．有个证据说是在哥伦布之前几百年古挪威人登上过北美大陆．哪个证据更强？

实际上这似乎是非常愚蠢的问题．比较两个如此完全不同的例子的目的是什么？谁会去比较它们？为了适当地判断证据，你必须是个专家．在一个例子里证据必须由熟悉数论的数学家来判断．在另一个例子里证据必须由熟悉古冰岛语的历史学家来判断．简直没有会熟悉这两者的人．

然而，这也许是，我们的显然是愚蠢的问题指出一种可能性．

---

1)《全集》(*Oeuvres complètes*)，第7卷，第XVII部分．

* 北极圈冬天每天都不出太阳．——译者注

可能是没有适当的解法，没有适当的方法去说哪个证据比另一个更强．这个可能性是如此重要以致它该有个名称．如果没有适当的方法去决定哪个证据更强，E_1 或 E_2，让我们称 E_1 为同 E_2 是不可比较的．在前面一些章里我们能找到几个例子，它们比本章的例子能更清楚也更令人信服地说明一个证据也许同另一个是不可比较的．见 §4.8．

（2）可比较的．在指出有些证据也许是不可比较的可能性之后，现在让我们考察几个证据显然是可比较的例子．

设 E_1 表示关于哥德巴赫猜想的证据，是由直到 1,000 的所有偶数的证实得来的．设 E_2 表示由直到 2,000 得到证实的同一个猜想的证据．显然，证据 E_2 比证据 E_1 更强．

现在，让我们改变记法，设 E_1 表示古挪威人在哥伦布之前登上美洲大陆的现在的证据．设 E_2 表示如果有人发现过，比方说，一个埋葬地点，那是在拉布拉多（Labrador）海滨的一个地方，埋着有类似于来自威金人（Viking）时代就保存下来的盾牌和剑．那么这个证据会变强．显然，证据 E_2 会比证据 E_1 强些．

让我们再考虑稍微更巧妙一些的例子．现在设 E_1 表示关于猜想 A 的证据，这证据是由它的结论 B 之一的证实得来的．在结论 B 被证实之后，有人观察到 B 就其本身来说本来是很不可能的．（这个观察可能是十分精确的；在一个简单而且显然适当的统计假设的基础上，算出来 B 的概率可能是很低的．）这个观察的见解把关于猜想 A 的证据 E_1 变为证据 E_2．证据 E_2 比证据 E_1 强．（我们已经在 §12.3 也许有点不那么明显地讲到过．）

在所有这三个例子中，我们都是通过添加一个有关的观察的办法从证据 E_1 得到证据 E_2．然而如果在 E_1 与 E_2 之间没有那种简单关系，我们怎么能够决定哪一个更强些？这个问题甚至更接近于两个证据间不可比较的可能性的问题．

（3）可比较的，但还不是定量的．在前面（2），我们已经看到证据 E_2 可能合理地成为比证据 E_1 更强这一情况．可是强多少呢？在我看来在前面任何一个例子中对这个问题似乎没有合理的答案. 因而我们还得停留在定性的水平上.

(4) 怎样看待它? 在 §4 里我们开始用符号 $\Pr\{A\}$ 表示猜想 A 的可靠性. 在本章的后面几节我们曾试图不给 $\Pr\{A\}$ 以任何确定数值而继续做下去: 从而构成本书所主张的"定性"观点. 每当把概率演算应用到关于猜想 A 的合情推理时, "定量"观点的目的是在于给 $\Pr\{A\}$ 一个确定的数值.

证明的重担完全落在那些拥护把概率演算定量地应用到合情推理上去的人们身上. 他们必须做的一切是产生一类不平常的猜想 A, 它们的可靠性 $\Pr\{A\}$ 可以用一种清楚的方法算出来, 这方法至少在某些情况下会导致可以接受的结果[1].

可是到现在为止还没有一个人提出一种用在计算不平常情况下的可靠性的清楚而令人信服的方法, 如果我们能想像出重要的正确估算可靠性的具体情况 (正如我们已经做过的那样), 我们就能很容易地发现任何赋予可靠性以确定的数值都有当傻瓜的极大危险.

有确定数值的可靠性是可比较的: 两个数不是相等, 就是它们之中的一个比另一个大. 然而在(1)与(2)中的讨论之后, 我们会发现任意两个猜想在可靠性方面常常是不可比较的. 拿两个我们要借以开始讨论的猜想来说: 哥德巴赫猜想与关于发现美洲的历史猜想. 如果我们赋予可靠性以数值, 那么支持一个猜想的证据强度就可以同支持另一个猜想的证据强度相比较: 可是这样的比较显得毫无价值并且是愚蠢的.

(5) 那究竟还值得做吗? 有另外一种同前面讨论无关的必须考虑的观点。合情论证的分量可能是极为重要的, 但那种重要性是临时的, 短暂的, 不定的: 把数值加在那样不定的东西上面究竟还值得做吗?

---

1) 在互换性与对称性某种假设基础上, 对一可靠性赋予数值 (正如在例 4 中所做过的), 这应该被看成是很平常的: 希望有更新的东西, 可以用作定量证明的可靠性.

按照《原理》*) 的第一版中所搜集的事实来判断牛顿引力定律的可靠性是多少？让我们想像暂时有一种用数值去估计那样一种可靠性的方法．可是我们从来都不该想像这种估值可能是容易的：由事实的复杂性及它们的相互关系来看，估值必定是很麻烦的，数值计算是长的．承担这种计算究竟还值得吗？从我们今天的角度来说，也许是鉴于牛顿发现的历史上与哲学上的重要地位认为是值得的．可是从牛顿与他的同时代人的角度来看就不是这样的了：他们可以不去计算理论的可靠性，他们可以费同样的力气通过发展理论，增加观察去改变可靠性．专心致志十年去计算只有一秒钟有效的可靠程度似乎是荒谬的．

8. 无穷小可靠性？某个数论猜想(像哥德巴赫猜想那种；参阅§1.2～1.3) 的新特例被证实了．那种证实必定被看作增加证据的份量，或猜想的可靠性．然而这种证实的量再大也不能证实猜想本身．我们甚至还会感到这种证实再多也不能使猜想适度地接近证实．(参阅例4 (5)，例 6 (1)．) 这种感觉也许暗示我们应该把无穷小引进概率演算．

近代数学可以很清晰地处理无穷小．我们考虑由“形式幂级数”所表示的“量” a，b，…：

$$a = a_0 + a_1\varepsilon + a_2\varepsilon^2 + a_3\varepsilon^3 + \cdots;$$

a_0，a_1，a_2，…是实数，ε 是未知量，不用注意收敛性．有这种量的代数；有一些规则(从收敛幂级数理论中见惯了的)按照这些规则这种形式幂级数可以加，减与乘；如果 $a_0 \neq 0$，甚至可以用 a 除．当 a_0，a_1，a_2，…都为零时我们就称 a 为“零量”或 0．如果两个量的差为零则它们相等．当 a_1，a_2，a_3，…都为零，则量 a 化为数 a_0.

如果数列a_0，a_1，a_2，… 的第一个非零数为正，我们就说 a 是正的．从这个定义出发，我们容易导出两条基本规则：

或者 a 为 0，或者 a 为正，或者 $-a$ 为正，并且这三种可能性是互相排斥的．

---

*) 指 1686 年首次发表的牛顿的《自然哲学的数学原理》．——译者注

两个正量的和与积仍是正的.

如果 $a-b$ 为正我们就说 $a>b$. 从这些定义出发可得,虽然 ε 为正,但任何正数大于 ε (即形式幂级数 $0+\varepsilon+0\cdot\varepsilon^2+0\cdot\varepsilon^3+\cdots$),因而 ε 是"真实的"无穷小.

现在我们可以仔细考虑概率演算的某种形式,在这种形式里可能性(或可靠性)不一定是数,但是刚才引进的那类量 a 受条件 $0\leqslant a\leqslant 1$ 的限制. 在那种演算中在证实 1,000,000 或任何其他数之后的哥德巴赫猜想的可靠性还可能是无穷小,即量 a 有 $a_0=0$.

我不想评论这种方法的前景. 无论如何,它揭示出从另一方面估计,不用数表示可靠性的可能性.

9. 容许规则. 我希望读者引出自己的结论,形成自己的意见. 因此我把我对决定性问题的意见陈述放到这章的最后一个注释中来. 我的意思是指本章第一节所提出来的问题: 有任何一种类型的合情推理规则吗?

颇为明显的是合情推理没有同论证推理相同的那一类规则. 一旦逻辑论证被提出来,如果我们以足够小的步子来进行论证,那么每一步的有效性可以由形式逻辑规则来检验. 如果所有步子都遵从规则,则论证是有效的,如果有一步破坏规则,那么它就无效. 于是,论证逻辑规则是决定性的: 它们能够决定所提出论证的论据是有约束力的还是没有. 可是我们已经搜集到的合情推理模式却没有获得那种东西. 一旦合情论据被提出来. 它的每一步的目的是使某个猜想更可靠并且是按照某个公认的模式做的. 在做了整个论证的每一步之后,不存在对猜想一定能相信到何种确定程度的问题.

还有各种规则. 逻辑规则与法律规则十分不同. 法庭必须倾听所有有关各方意见,但它不必倾听不相干的东西. 因此法庭必须有权从诉讼程序中排除不相干的事情,而那种权力由容许规则来规定. 没有这类规则,就不能有秩序地执行法律: 法庭如果不能限制一个不讲理的辩护律师,他就有可能用不公正的或无关的问题去挫败不利于他的证据，反对对方，反对陪审团，反对法官，或者无限地拖延诉讼程序.

前面所搜集的合情推理模式可以被当作科学讨论中的容许规则. 即使有些猜想的结论已经被证实了，你也决不要被迫对猜想给以确定程度的信任. 可是，如果在讨论一个猜想的时候，提及这种证实当然是许可的，并且也是正当的，倾听这种证实也是合理的. 我们的模式记录着关于这种证实的各种论点，而这种证实会合理地影响证据的份量(类比法，或无事先证实的非类比法，等等)。允许讨论这些论点也是公正的与合理的. 在搜集这些模式的时候，作者的意图是根据优优秀学家在科学讨论中，认为可以采用的几种一般情况归纳出来的，以便合理地影响所讨论猜想的可靠性.

在陪审中，法庭的权力在陪审团与审判长之间分配. 我们对这种权力分配(根据某些法律当局的理解不同，因而在某些国家或某些国家的各州之间其执行的范围也不同)有极大兴趣. 陪审团与法官有不同职责，他们对不同问题作出决定. 关于证据的可采纳性问题由法官来回答，关于被承认了的证据的可靠性问题由陪审团来回答. 法官要决定哪个证据应该由陪审团考虑. 陪审团要确定请求判断的证据是否有足够份量. 在决定哪个事件值得，哪个不值得陪审团考虑时，法官必须通晓并尊重判例，法庭习惯及已经制定的容许规则. 在估量请求判断的证据时，陪审员有可能完全没有受过法律训练，从而必须依赖于他自己的先天智慧.

简而言之，就我们每个人而言，审查一个提出来的猜想的权力，在与个人无关的法则和个人良知之间的分配情况，和法庭权力在法官与陪审团之间分配情况是一样的. 法官起法则的作用，陪审团起你个人眼力的作用. 合情推理与个人无关的规则所要考虑的是：决定哪种证据值得考虑. 而你个人良知所要决定的是，刚才请求判断的证据的具体部分是否有足够份量.

第十六章 发明与教学中的合情推理

字是由字母组成的，句子是由能在字典里找到的字组成的，而书是由也可以在别的作者的书中找到的句子组成的. 然而，如果我所说的东西，从内容上看是一致的，并且相互关系上也是互相联系的话，你就能够像责备我从字典上借用了字一样，责备我从别的作者的著作中借用了句子.

——笛卡儿[1]

§1. 本章的目的

我希望本书第一部分的一些例子及第二部分的前几章中所进行的讨论，能在某种程度上阐明合情推理在发现数学事实中所起的作用. 可是数学家不仅仅是猜测；他也有要解答的问题，并且他必须证实他猜测的事实. 合情推理在发现解和发现证明中的作用是什么？这是本章所要讨论的问题. 同时，顺便提一句，这些问题吸引了作者，作者起初关心解决问题的方法，最终被引导到本书的主题.

合情推理的主题是不可思议的又难以捉摸的，研究解题的方法也是这样. 把两个如此伤脑筋的主题合并起来搁到最后一章也许是适宜的. 下面的处理是简要的；主要目的是指出同早先讨论过的问题的联系. 更广阔的处理可用作另一本讨论解决问题方法的书的内容.

§2. 一个小发现的故事

解决任何简单的但不仅仅是套用公式的数学问题，都会给你

---

1) «全集» (*Oeuvres*)，由阿达姆与泰纳雷 (Adam and Tannery) 出版，第 10 卷，1908，204 页.

带来紧张和发现的喜悦.让我们考虑下面的例子:给定四边形的四条边 a, b, c, d 及对边 a 与 c 的夹角 ε, 作一个四边形.

问题的已知条件列于图 16.1：四条线与一个角，都是要作的图形的元素，我们还要把它们拼起来，以满足问题中所规定的条件.

人们都懂得边 a, b, c 与 d 按这个次序彼此相接,并绕着所求的四边形以使 a 与 c 相对，b 与 d 相对. 对边 a 与 c 的夹角 ε 不是四边形的四个角中的一个.

让我们提几个普通问题,它们也许使我们更接近问题的解.

已知条件足以确定未知量吗? 只有四条边显然不足以确定一个四边形：四根在它们各自端点用活动接头相连接的棍作成一个有关节的四边形,它是可动的,可变形的,不是固定的,没有确定形状. 可是如果它的四个角之一固定，有关节的四边形就不能再动了：四边形被它的四条边及一个角所确定. 我们也许可以猜测到它也能被四条边及某个别的角所确定，因而我们的问题的已知条件表明是足够了.

画一个图. 我们画出图 16.2，图中所陈列的五个组合已按照问题中应该怎样组合的条件而组合起来了. 我们把所有已知条件都用上了.

可能此刻我们给难住了，并且一时想不起一个有用的办法. 事实上，图 16.2 好像是笨拙的. 边 a, b, c, d 当然在它们合适的位置上，但是角 ε 的位置显得不恰当. 这个角是我们的已知条件之一,我们必须用到它. 如果它被设置得如此之远,在如此奇怪的位置上,我们还怎么用上它呢?

一个有经验的善于解决难题的人会试着再画一张图：他会试着把那个角 ε 放在别的什么地方. 他会想出像图 16.3 那样的图形，此处角 ε 夹在 a 边与过 a 的一个端点画的平行于 c 边的直线之间. 图 16.3 好像比显而易见的图 16.2 更有希望.

为什么图 16.3 好像有希望? 即使完全确信图 16.3 是有希望的好学生也许不能清楚地回答这个问题.

“据我看好像是好的.”

“已知条件在一起调配得更紧了.”

只有一个特别有才干或有经验的学生将能作出圆满解释：“在图 16.2 中，角被放在三角形里. 可是这个三角形是不宜于作图的：只有两个条件是已知的，即 ε 与 b. 像图 16.3 那种放法，角 ε 就有更多机会成为适当的三角形的一部分. 由于这是通常希望的，这类作图就被化简为由适当已知条件来作一个三角形.”

在最后一种答案的背后，一般想法似乎是：任何一个能被认出其现在位置与过去成功位置相一致的图形，似乎都是有希望的.

然而这也许是，图 16.3 达到我们的期望了. 事实上，角 ε 的

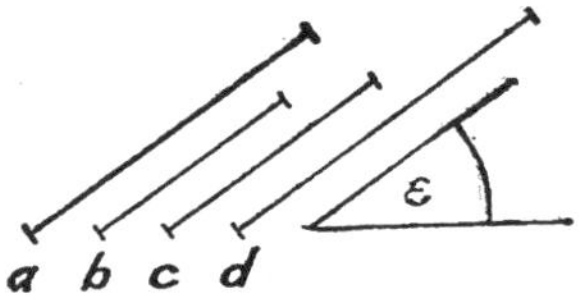

图 16.1　图形元素

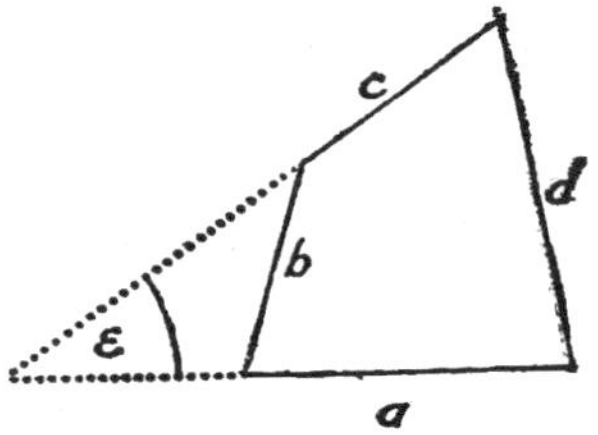

图 16.2　显而易见的

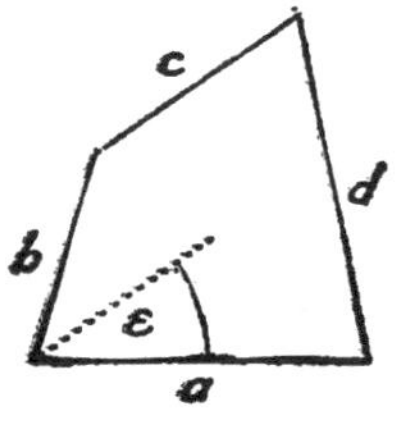

图 16.3　有希望了

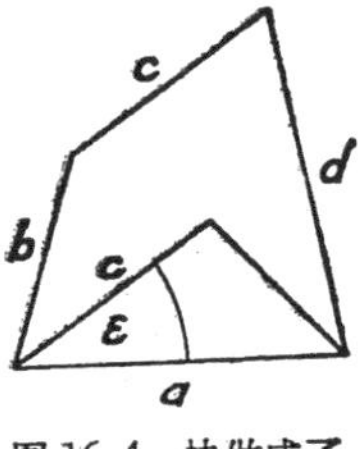

图 16.4　快做成了

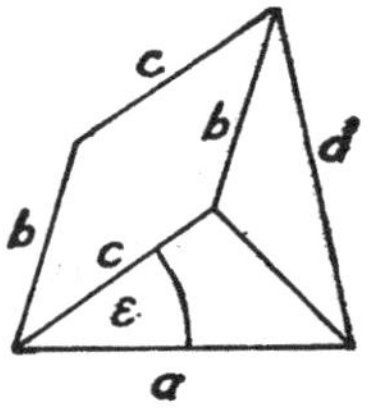

图 16.5　真的做成了

确适合三角形，我们能容易地把它作出来（由边 a，c 及夹角 ε，见图 16.4）．当这个三角形完成时，解就很接近了．事实上，同刚才完成的三角形一起另一个三角形也作好了（由边 b，d 及先前作的边，见图 16.5）．在画完两个三角形以后，通过用 b，c 边画平行四边形，我们就完成了所求的作图．

对于多数善于解决问题者而言，在前面一连串五个图形所描述的解中，决定性的一步是从图 16.2 到图 16.3；在这一步之前会有一段较长时间的踌躇．然而，只要顺利地把 ε 放好，从图 16.3 经过图 16.4 到最后的图 16.5，解题进展就会十分快了．

前面的解答也许揭示了一个或两个也在更重大发现中起重要作用的关键．

§3. 解题过程

解决一个问题是极其复杂的过程．没有关于这个过程的记述或理论，能详尽阐述它的各个方面，无论哪种关于它的记述或理论，不得不是不完备的、粗略的、高度简化的．我希望指出合情推理在这个复杂过程中的地位，同时我要选择最简单的描述，并使我能发现它在这种描述中所处的地位．在这里甚至如此简单描述的开头就足够了．

（1）对你自己提出问题．当你有目的地向自己提出问题时，它就变作你的问题．要你在一次考试中解答的问题，它还不是你的问题．如果你希望有人会来告诉你答案，我怀疑你还是没有认认真真地向你自己提出那个问题．但是，如果你切望用你自己的方法由你自己来找出答案，那么你就使得这个问题真正变成你的问题了，你是认真从事了．

对你自己提出问题是解决问题的开始，是对奕中要紧的先着．那是具有决定性的一着．

（2）有选择性的注意．你不必告诉我，你已经向你自己提出了那个问题，你不必对你自己讲那个问题；你的全部行为会证明你所做的一切．你的意向变得有选择性；它变得更容易受似乎同问题有关系的任何事情的影响，而不容易受似乎同问题无关的任何事情的影响．你热切了解并采用任何追忆、笔记、提示或可能帮助你解决你的问题的事实，同时你把别的事情完全拒之于门外．当门关得如此之紧，甚至外部世界的最紧急请求都没能打动你的心时，人们就说你是全神贯注了．

（3）记录进展的步子．有另外一件事情证明你在认真地着手于你的问题．你变得敏感了．你敏锐地感到你的进展的步子；当步子急速时你昂然自得，当步子缓慢时你沮丧消沉．无论想起什么，都会很快被鉴定出来："那好像是有用的"，"有办法了"，或者"没用"，"没有办法"．这样的判断当然不是没有错误的．（虽然它们经常是正确的似乎要比是错误的多，特别对那些有才干与经验的人来讲．）无论如何，这样的判断和感触对你个人来讲是重要的；它们指引你作努力的尝试．

（4）合情推理在哪里变得有用起来．我们稍微更具体地看一看一种典型情况．

你试图在某个方向上，顺着某条线索，得到解答．（例如，在解§2的几何问题的尝试中，你丢掉图16.2同时试图用更有用的图16.3作图．）你会十分敏锐地感到你是按正确方向做的，你是循着一条近似于有希望的线索，你是找到了线索．顺便说一句，你会感到进展是这样的不能用语言确切叙述你的感受．或者即使你说了一些诸如"那好像有用"这样的话，你还是怕麻烦去分析你的自信，你没有问一句，"为什么那好像有用?"你正忙于循踪追迹哪！

你可能运气不好．你陷入了困境，你没有取得许多进展，你没有想到什么新东西而且你开始怀疑："开头开得好吗?这方向对吗?"而且你会开始分析你的感触："方向似乎完全是合情的——但是为什么那是合情的?"然后你开始盘算起来，你会想起一些更特殊的理由来：

"情况还不是那么坏嘛．我可以引进一个三角形．在这种问题里人们总是会引进三角形的．"

"开始可能终归是对的，看来好像是正确解．我准备解这类问题需要做什么？这样一点——我已经明白了．而那点——我也明白了．还有……”

更清楚地看一看在这种情况下人们是如何进行推理的那该是有趣的——事实上，我们的主要目的正好是看那一点．然而我们必须至少再举一个例子以加强我们的观察基础．

§4. 意外结果[1]

下一个例子必定比 §2 的那个更复杂些．在这一节及下一节作些准备之后将在 §6 中给出这个例子．§6 将导出按与普通陈述方式相对照的方式提出来的证明．为了强调对照，首先我们来看证明，这种证明在(更高级的)教科书或数学杂志中就可能有．

一本数学书或讲义首先必须是正确的，清楚的．其次，我们从痛苦的经验中知道，完全清楚而且正确的解释，可能一点也不令人满意．同时也许显得不动人，没有趣味，或者使人失望，即使所提出来的题目本来是有趣的．别的可接受的陈述的最明显的缺点是“意外结果”．在进一步注释以前，我想举一个具体例子．我们来考虑下面不大初等的定理的证明[2]．

如果数列 $a_1, a_2, a_3, \cdots$ 的各项是不全为零的非负实数，那么

$$\sum_{1}^{\infty}(a_1a_2a_3\cdots a_n)^{1/n} < e\sum_{1}^{\infty}a_n.$$

证明．对 $n=1, 2, 3, \cdots$．按

$$c_1 c_2 c_3\cdots c_n=(n+1)^n$$

定义数 $c_1, c_2, c_3, \cdots$．我们用这个定义，其次用算术平均与几何平均之间的不等式 (§8.6)，最后用定义 e 的，其公项为 $[(k+1)/$

1) 除去细微的变动，§4, §5, §6 转载了我的论文“有，还是没有动机?” (With, or without, motivation?) 的几部分．《美国数学月刊》(*American Math. Monthly*)，第 56 卷，1949 年，684～691 页．

2) 即使我从自己的著作中选择例子我也许是可以被原谅的．见 G. 波利亚，“一个不等式的证明” (Proof of an inequality)，《伦敦数学会会报》(2)(*Proceedings of the London Mathematical Society* (2))，第 24 卷，1925 年，LVII 部分．定理是由 T. 卡里曼 (T. Carleman) 证明的．

$k]^k$ 的数列是递增的事实．我们得到

$$\sum_1^\infty (a_1 a_2 \cdots a_n)^{1/n} = \sum_1^\infty \frac{(a_1 c_1 a_2 c_2 \cdots a_n c_n)^{1/n}}{n+1}$$

$$\leqslant \sum_1^\infty \frac{a_1 c_1 + a_2 c_2 + \cdots + a_n c_n}{n(n+1)}$$

$$= \sum_{k=1}^\infty a_k c_k \sum_{n=k}^\infty \frac{1}{n(n+1)}$$

$$= \sum_{k=1}^\infty a_k c_k \sum_{n=k}^\infty \left(\frac{1}{n} - \frac{1}{n+1}\right) \tag{d}$$

$$= \sum_{k=1}^\infty a_k \frac{(k+1)^k}{k^{k-1}} \frac{1}{k}$$

$$< e \sum_{k=1}^\infty a_k.$$

§5. 启发式证明

式(d)推导的关键在于数列 $c_1, c_2, c_3, \cdots$ 的定义．这一点一开始没有任何准备就显得是对的，可以看作典型的"意外结果"．它的缺点是什么？

"它像是一只从帽子里拎出来的兔子．"

"不知道它从什么地方跑出来的．它好像那么任性．它没有可见的动机或目的．"

"我讨厌在黑处走路．当我不能看到会使我更接近目标的任何理由时，我讨厌迈出一步．"

"也许作者知道这一步的目的，但是我不知道，因此我可不能那么有把握地听他的．"

"注意，在这里我实在不打算称赞你．我要学习怎样由我自己来解答问题．可是我没能看到以人的智力怎么可能想出你的……定义．那么我在这里能学到什么？我怎么可能由我自己发现这样一个……定义？"

"这一步不平常．它似乎是决定性的．如果我能看到它有一

些成功机会，或者看到某个关于它的合情的暂时的证明，那么我也可以想像它是怎么被想出来的，无论如何，我会更自信也更聪明地接着推理.”

前几个回答不很明确，后面几个稍好些，最后一个最好．它告诉人们一个有才智的读者或听者希望两件事情：

首先，要看到现在这一步论证是正确的.

其次，要看到现在这一步是适当的.

如果数学论证的一步，本质上是同目的有关系的，如果它使我们更接近目标，它就是适当的．然而，只一步是适当的还不够：据读者看来似乎是这样的．如果一步是简单的，实在是平常的，例行的一步，读者会容易想象它怎么会同论证的目的有关．如果陈述次序是十分精心设计过的，上下文可暗示这一步同目的的联系．然而，如果这一步显然是重要的，但它同目的的关系是不明显的，就把它看作“意外结果”，这当然会使有才智的读者或听者失望.

在我们的例子中，c_n 的定义当作“意外结果”．可是这一步确实是适当的．事实上，以这个定义为基础的论证，证明了所提出来的定理，并且证明得很快又很清楚．问题中的这一步之所以麻烦是因为虽然在末尾被证实出来了，但在开头时确实看不出能被证实的样子.

可是作者怎么可能从开头就证实它呢？完全的证明需要一定时间；完全的证明就是提供全部证明．而这里所需要的不是一个完全的，而是一个不完全的证明，一个合情的暂时的根据，只是一个说这一步有些成功的机会的暗示，简而言之，一个启发式的证明.

§6．另一个发现的故事

提醒读者说，最好听的故事并不是真实的故事，这几乎是没有必要的．然而，它们必须包括真实性的基本因素，否则它们可能一点儿也不好．下面是使我们得到在 §4 中给出的证明的步骤，它是稍微“合理化了的”陈述．即连续几步的启发式证明都被适当地强调了.

在 §4 中所证实了的定理本来是令人惊奇的. 但是,如果我们事先知道它是怎样被发现的,我们就不会觉得惊奇了. 我们是在证实下述的尝试中自然而然地得到它的: 如果正项级数

$$a_1+a_2+a_3+\cdots+a_n+\cdots$$

是收敛的, 则级数

$$a_1+(a_1a_2)^{1/2}+(a_1a_2a_3)^{1/3}+\cdots$$
$$+(a_1a_2a_3\cdots a_n)^{1/n}+\cdots$$

也是收敛的. 我将试图强调某些会帮助我们找到证明的动机.

(1) 一个适当的已知定理. 自然是从一般问题入手.

假设是什么? 我们假定级数 $\sum a_n$ 收敛——它的部分和保持有界——即

$$a_1+a_2+\cdots+a_n \text{ 不大.}$$

结论是什么? 我们要证明级数 $\sum(a_1a_2\cdots a_n)^{1/n}$ 收敛——即

$$(a_1a_2\cdots a_n)^{1/n} \text{ 小}$$

你知道一个可能是有用的定理吗? 我们所需要的是在 n 个正量和与它们的几何平均之间的某种关系. 你以前看见过这类东西吗? 如果你曾经听说过算术平均与几何平均之间的不等式, 那么这个时候就是你联想起它们的最好时机:

$$\text{(ag)}\qquad (a_1a_2\cdots a_n)^{1/n}\leqslant\frac{a_1+a_2+\cdots+a_n}{n}.$$

当 $a_1+a_2+\cdots+a_n$ 不大时,这个不等式证明 $(a_1a_2\cdots a_n)^{1/n}$ 是小的. 它同我们的问题的联系是如此密切,以致我们几乎不能抵制去应用它的诱惑:

$$\text{(a)}\qquad \sum_{n=1}^{\infty}(a_1a_2\cdots a_n)^{1/n}\leqslant\sum_{n=1}^{\infty}\frac{a_1+a_2+\cdots+a_n}{n}$$
$$=\sum_{k=1}^{\infty}a_k\sum_{n=k}^{\infty}\frac{1}{n}$$

——完全失败啦! 级数 $\sum\frac{1}{n}$ 发散,(a) 式的最后一行是毫无意义的.

(2) 从失败中学习. 承认我们的方法错了是困难的. 我们愿意相信至少它有部份是对的. 有帮助的问题是: 我们的方法错了多少? 我们可以保留的是其中的哪一部分?

级数$a_1+a_2+\cdots+a_n+\cdots$收敛. 因此当$n$大时$a_n$就小. 可是当 $a_1, a_2, \cdots a_n$ 不全相等时不等式(ag)两边是不同的,而当 $a_1, a_2, \cdots a_n$ 很不相等时它们就会很不相同. 在我们的例子中, a_1 比 a_n 大得多, 因而在(ag)两边之间就会有一个相当大的裂缝. 这也许是我们把(ag)用得不适当的理由.

(3) 改进方法. 错误在于把不等式(ag)应用到量

$$a_1, a_2, a_3, \cdots, a_n$$

上去, 它们是太不相等了. 为什么不把它应用到有更多机会相等的某些有关的量上去呢? 我们可以试一试

$$1a_1, 2a_2, 3a_3, \cdots, na_n.$$

这也许就对啦! 我们可以引进像1, 2, 3, …, n 那样的递增补偿因子. 然而, 我们不应该超过必要的限度来约束自己, 我们必须为自己保留某种行动自由, 也许我们应该更一般地考虑量

$$1^\lambda a_1, 2^\lambda a_2, 3^\lambda a_3, \cdots n^\lambda a_n.$$

此刻我们可以把 λ 留作不确定量, 并在后面选择其最有利的值. 这个方法有那么多好的特点, 以致采取行动的时机似乎成熟了:

$$\begin{aligned}
\sum_1^\infty (a_1 a_2 \cdots a_n)^{1/n} &= \sum_1^\infty \frac{(a_1 1^\lambda \cdot a_2 2^\lambda \cdots a_n n^\lambda)^{1/n}}{(1 \cdot 2 \cdots n)^{\lambda/n}} \\
\text{(b)} \qquad &\leqslant \sum_{n=1}^\infty \frac{a_1 1^\lambda + a_2 2^\lambda + \cdots + a_n n^\lambda}{n(n!)^{\lambda/n}} \\
&= \sum_{k=1}^\infty a_k k^\lambda \sum_{n=k}^\infty \frac{1}{n(n!)^{\lambda/n}}.
\end{aligned}$$

我们陷入了困境. 我们不能估计最后一个和的值. 即使我们想起各种有关的诀窍, 我们还是不得不用"不完善方程"(用记号≈代替=)来做:

$$(n!)^{1/n} \approx ne^{-1},$$

$$\begin{aligned}\sum_{n=k}^{\infty}\frac{1}{n(n!)^{\lambda/n}} &\approx e^{\lambda}\sum_{n=k}^{\infty}n^{-1-\lambda}\\ &\approx e^{\lambda}\int_{k}^{\infty}x^{-1-\lambda}dx\\ &= e^{\lambda}\lambda^{-1}k^{-\lambda}.\end{aligned}$$

把这式代入式(b)的最后一行，我们就非常接近证明

(b′) $$\sum_{1}^{\infty}(a_1 a_2\cdots a_n)^{1/n}\leqslant C\sum_{1}^{\infty}a_k,$$

此处 C 是某个常数，也许是 $e^{\lambda}\lambda^{-1}$. 这样一个不等式当然可以证明所考虑的定理.

(4) 回顾前面的推理，我们重复问题："哪个 λ 值是最有利的?"也许是使 $e^{\lambda}\lambda^{-1}$ 取最小的 λ 值. 由微分学我们能求得这个值:

$$\lambda = 1.$$

这强烈地提示最明显的选择是最有利的：乘 a_n 的补偿因子必须是 $n^1 = n$，或者当 n 大时必须是与 n 相差不很大的某个量. 这会得到(b′)中的简单值 $C = e$.

(5) 更大的灵活性. 在我们前面的推理(b)中，我们把 λ 留作不确定量. 这给我们的方法以某种灵活性：λ 值留作我们随意确定. 为什么不给我们的方法以还要大的灵活性呢？我们可以把乘 a_n 的补偿因子当作完全不确定的量，我们称它为 C_n，并且当我们将更清楚地看到我们需要什么时，我们再给它赋值. 我们着手对原先的近似作进一步修改:

(c) $$\begin{aligned}\sum_{1}^{\infty}(a_1 a_2\cdots a_n)^{1/n} &= \sum_{n=1}^{\infty}\frac{(a_1 c_1\cdot a_2 c_2\cdots a_n c_n)^{1/n}}{(c_1 c_2\cdots c_n)^{1/n}}\\ &\leqslant \sum_{n=1}^{\infty}\frac{a_1 c_1 + a_2 c_2 + \cdots + a_n c_n}{n(c_1 c_2\cdots c_n)^{1/n}}\\ &= \sum_{k=1}^{\infty}a_k c_k\sum_{n=k}^{\infty}\frac{1}{n(c_1 c_2\cdots c_n)^{1/n}}.\end{aligned}$$

我们应该怎样选择 c_n? 这是不完善方程，同时我们已经不能再把

答案搁置下去了.

首先，我们容易看到比例因子必须仍然是任意的. 事实上，数列 $cc_1, cc_2, \cdots, cc_n, \cdots$ 导致同 $c_1, c_2, \cdots c_n, \cdots$，一样的结果.

其次，我们前面的工作提示 c_n 与 $(c_1 c_2 \cdots c_n)^{1/n}$ 必须渐近地与 n 成比例：

$$c_n \sim Kn, \quad (c_1 c_2 \cdots c_n)^{1/n} \sim e^{-1}Kn = K'n.$$

第三，最希望有的是我们应该能够求出和式

$$\sum_{n=k}^{n=\infty} \frac{1}{n(c_1 c_2 \cdots c_n)^{1/n}}.$$

此刻，我们需要我们所知道的以前的关于简单级数的全部知识。如果我们熟悉级数

$$\sum \frac{1}{n(n+1)} = \sum \left(\frac{1}{n} - \frac{1}{n+1}\right),$$

我们就很有可能想起它来. 这个级数有这样一个性质，即它的和不仅有从 $n = 1$ 到 $n = \infty$ 的简单表达式，而且有从 $n = k$ 到 $n = \infty$ 的简单表达式——极其方便！这个级数暗示选择

$$(c_1 c_2 \cdots c_n)^{1/n} = n + 1.$$

现在，对大的 n 明显地有 $n + 1 \sim n$——好兆头啊！c_n 本身怎么样呢？由于

$$c_1 c_2 \cdots c_{n-1} c_n = (n+1)^n, \quad c_1 c_2 \cdots c_{n-1} = n^{n-1},$$

$$c_n = \frac{(n+1)^n}{n^{n-1}} = \left(1 + \frac{1}{n}\right)^n n \sim en;$$

与 n 的渐近比例是一个好兆头. 而数 e 的出现——非常好的兆头！

我们选择这个 c_n 以及在这种选择之后我们再做 §4 中式 (d) 的推导就比以前更有信心了.

现在，我们可以明白怎么可能以人的智力去发现 c_n 的那个定义了，在 §4 里它被当作"意外结果". 式 (d) 的推导也变得更可理解了. 现在它被看作一连串连续试验 (a)，(b)，(c) 与 (d) 的最后的并且是仅有的成功的尝试. 定理本身的来历被阐明了. 现在我们

才懂得了怎么可能发现在一开头显得如此神奇的数 e 的作用了.

§7. 一些典型指示

在前面我们已经看见了两个例子. 首先我们审定“发现的问题”(在 §2 中),然后审定“证明的问题”(在 §6 中)[1]. 还需要多得多的各种例子,来充分地说明在想出解题方案的时候合情推理所起的作用. 无论如何,从我们的例子中我们能清理出几个指示方案价值的典型情况. 在处理其他这类情况时,我们将用读者在解决数学问题中的所有经验.

在列举这种指示情况时,我们不要完整性. 在有些情况里,我们会发现有必要在发现的问题与证明的问题之间进行区别. 在这样的情况下,我们要给予两种平行的确切陈述,并且首先给予同发现的问题有关的确切陈述.

我们考虑一种情况;在这种情况下,解题者自然会想到合情推理. 你正做着一个令人兴奋的问题. 你想到了一个方案,但是不知道什么缘故你并不很喜欢它. 你有你的怀疑,你不完全确信你的方案是可以使用的. 当你在盘算这个问题的时候,实际上,你正在审定猜想:

A. 这个解题方案会成功的.

当你从各个方面去审定你的方案时,你会想出几种赞成与反对的理由. 下边有几个为猜想 *A* 辩护的显著的典型指示.

B_1. 这个方案把所有已知条件都考虑进去了.

这个确切陈述应用于发现的问题. 应用于证明的问题的一个平行陈述: 这个方案把假设的所有方面都考虑进去了. 例如, 图 16.3 组合所有已知条件,而这是好兆头. 图 16.2 也包括所有已知条件,但是在两个图之间有差别,下面会予以澄清的.

B_2. 这个方案考虑了已知条件与未知条件之间的关系.

有一个同证明的问题有关的平行的确切陈述: 这个方案考虑

1) 关于这个术语,见《怎样解题》,141～144 页.

了假设与结论之间的关系. 例如，在 §6 (1) 中，算术平均与几何平均之间的不等式预示产生假设与结论之间的关系，而这个预示推动我们想用不等式. 图 16.3 似乎考虑了一个更紧密的联系，因而它似乎比图 16.2 更有用.

B_3. 这个方案具有在解决这类问题中经常是有用的特点.

例如，从图 16.3 开始的方案，在更成熟阶段上 (图 16.4) 插进了画个三角形. 这是一个好兆头，因为几何作图题常常被化简为作三角形.

B_4. 这个方案与成功地解决类比方面问题的方案之一相似.

B_5. 这个方案解决了问题的一个特例.

例如，你有一个要解决与任意封闭曲线有关的难题的方案. 可是要把这个方案贯彻到底似乎得做许多计算，因而你犹豫起来了. 可是你注意到在封闭曲线是圆的特殊情况下，你的方案获得成功并提供正确的结果. 这是一个好兆头，并且你感到鼓舞.

B_6. 这个方案解决了部分问题(例如能求出某些未知量，或证明一个弱的结论).

上述款项不是没有遗漏的. 还会有别的典型指示与征兆，但是我们没有必要把它们列在这里. 况且，如不作适当解释只把它们列出来是不会有用的[1].

§ 8. 归纳法在发明中的应用

解题者的猜想 A (即他的方案能成功的猜想) 可以被一个，或两个，或更多的指示 $B_1, B_2, B_3, \cdots$ (属于列在前面 §7 的那类) 证实. 解题者会连续地想出这样的指示，每个指示都加强他对方案的信任. 我们前面的讨论引导我们把这样一个解决问题过程同归纳过程作一番对照，在归纳过程中一个审定猜想 A 的研究者连续地证实了几个结论 $B_1, B_2, B_3, \cdots$. 我们也可以把它同法律程序作一番对照，在法律程序中审定一桩控告的陪审团受理连续地审

1) 参阅《怎样解题》，212～221 页.

判几个确定的事实 $B_1, B_2, B_3, \cdots$. 我们不必天真地期望三种过程会一致，但是我们必须无偏见地审定它们的相似点与非相似点.

（1）当解题者思考他的方案时，这个方案通常比较“灵活”，而不那么“死板”，与确切陈述相比，它还是使人更容易感觉得到它. 实际上，如果解题者过早地把他的方案确定下来，那么他该是个傻瓜. 聪明的解题者不专心致力于固定方案. 即使在后期，虽然那时方案更成熟了，他也还准备着将它修改，他让它有一定的适应性，估计到他会遇到预想不到的困难，随时准备修改他的方案以适应这些困难. 因此，当解题者研究他的方案的可用性时，他要审定一个不确定的，往往是转瞬即逝的对象.

另一方面，数学家或博物学家研究的猜想通常是相当确定的：它们被清楚确切地陈述了，或者至少相当接近于清楚确切的陈述. 陪审团也有一个相当确定的要审定的猜想：一张起诉书，原告小心地拟好了起诉书的措辞.

我们来注意这个显著的区别，即解题者的方案的可用性研究同数学或物理猜想的归纳性研究之间的区别，或与法庭调查罪状之间的区别：这是在一个不确定的，或转瞬即逝的对象同一个确定的，相对地说明白了的对象之间的区别.

（2）法庭的诉讼程序及法庭的判决都记录在案. 由博物学家审定过的猜想和搜集起来的赞成或反对它的证据也都作了永久记录. 然而，解题者对其方案的可用性猜想，以及能说明他的想法哪些对与哪些不对的念头同它们的重要性却一闪而过，没有留下有案可查的东西. 只要它们还在支配着解题者做出决定，那它们就是极其重要的. 然而，当解题者的工作进入一个新阶段，方案本身就有可能改变，那时原来的有利或不利指示几乎会全部失去意义. 最终，当得到了解答，并且解决了问题的时候，所有这些“帮助者”都被扔掉了. 解答的最终形式会被记下来，可是原来那个善变的方案和有利或不利的证据多半或完全被忘掉了. 人们可以看得见留下来的是建立起来的大厦，但是建立大厦所必需的脚手架都被搬走了.

我们注意,把归纳研究或法庭调查作为一方,而把解题者对他的方案的前途的评价作为另一方，来看看这两方之间的区别：一个是作为永久记录的,而另一个却不是.

(3) 列在 §7 中的猜想 A 与指示 B_1, B_2, $\cdots$ 可以作出一定幅度的解释. 在作了前面的解释(在 (1) 与 (2) 中)之后，我们不应当再认为有过多的清晰而确定的解释是适当的. 但作为刚开始，能给出这样一个解释还是有某种好处的. 我们考虑解题者的猜想 A 及证明它的指示 B，叙述如下：

A. 这个解的方案按它现在的形式会成功的.

B. 这个解的方案把所有已知条件都考虑进去了.

为了更精确地描述情况，我们加上：众所周知每个已知条件都是必要的. 如果真是这样,则

$$A \text{蕴含} B.$$

实际上,如果这个方案能顺利执行并提供正确解答,它必定用了所有已知条件,其中每一个条件对解答来说都是必要的.

现在清楚地把解答具体化是重要的：A 是解题者自然对它感兴趣的猜想，B 是可能为真或可能为假的陈述. 我们来审定两者的可能性.

(4) 如果所有已知条件对解答都是必要的，但是我们的方案并没有把所有已知条件都考虑进去，那么我们的方案按其现在的形式就不能成功.(若改变形式它可能成功.)即如 B 为假,则 A 也必为假.

现在重要的一点是要看到，如果我们按形式推理也能得到这个结论. 事实上,在这里我们已经照古典的基本推理模式,即所谓的假设三段论法的"否定式"做了：

$$\begin{array}{c} A\text{蕴含}B \\ B\text{假} \\ \hline A\text{假} \end{array}$$

(5) 然而，如果我们的方案的确把所有已知条件都考虑进去

了，那自然把这个情况看作是对的，看作是有希望的方案，看作是我们的方案该成功的预示.（当解题者看到起先似乎被他的方案忽略了的已知条件后来被用上了，而且还是以正确的方式用上的，我想象得出解题者所感到的慰藉.）简而言之，如果 B 为真，A 变得更可靠.

现在重要的是要看到，实际上我们可以仅仅按照下面我们的基本归纳模式得到这个结论：

$$\frac{\begin{array}{c}A\text{蕴含}B\\ B\text{真}\end{array}}{A\text{更可靠}}$$

(6) 现在我们考虑另一种情况. 它类似于，但清楚地不同于在(3)中所解释的，并在(4)与(5)中所讨论的情况. 我们还是关心解题者的猜想 A 及证明它的指示 B. 可是现在的情况不同了（不那么确定了）. A 与 B 的含义是：

A. 这个解题方案会成功的（也许以修改了的形式）.

B. 这个解答方案把所有已知条件都考虑进去了.

为了更充分地描述情况的特征，我们必须加上：**虽然我们并不明确地知道，但我们强烈地相信所有的已知条件都是必要的.**

如上所述，A 是一个猜想，解题者与这猜想有利害关系，而 B 是一个可能为真或许为假的陈述. 我们必须审定两者的可能性.

如果弄清楚 B 为假，就有一个反对 A 的证据，但是这个证据对 A 来说不完全是起决定性作用的. 由于 B 为假，我们的方案就未能把所有已知条件都考虑进去；虽然如此，我们还会坚持我们的方案（如果我们有一个虽然无法表达的，但却有力地赞成它的理由的话）. 可能有某种还没有弄清楚的理由，希望我们的方案的修改终于会考虑所有已知条件. 可能认为所有已知条件也许并不都是必要的这种怀疑也起了一点儿作用.

如果弄清楚 B 为真，我们能把这个情况当作有希望的兆头. 实际上，即使 A 不蕴含 B，因而 B 不是绝对地确实同 A 一致，它还可以是

有A的B容易可靠,

没有A的B不那么容易可靠.

在这种情况下,B的证实还可以当作一种关于A的情况证据.(参阅§13.13(5).)

(7) 在前面(3),(4),(5)与(6)里,我们讨论了列在§7中B_1下的指示.(我们刚才称它为B.)列在§7中的别的指示(在B_2,B_3,…,B_6中)的讨论会显示出相似的情景.

正如我们已经看到的,A可以蕴含B_1,但即使并不是这样的,而B_1不必同A联系在一起,但A将伴随B_1的机会仍然很大. A同B_2(或同B_3,或同B_4,…)的关系具有同样性质. 如果解题者的方案有任何好处,它就必须造成已知与未知条件之间(或假设与结论之间)的某种联系;参阅B_2. 解答必须同某个以前解决了的类似问题的解答相似是绝对没有必要的,但是这种类似的机会必定是十分多的;参阅B_3,B_4. 如果方案使整个问题成功,当然,它必定对问题的特例或任何部分也会成功;参阅B_5,B_6.

因此,如果我们怀疑A, 但是我们观察到B_1或B_2或B_3…为真,于是我们就能合理地把我们的观察当作某种关于A的归纳的或情况的证据,当作有利于解题者的猜想的指示,即猜想说,他的方案会成功的.

(8) 尽管作了大量工作,但是,如果博物学家只证实他的猜想的几个不太惊人的结果,他就会被迫抛弃猜想. 如果反对被告的证据提供得太少了,法庭会结束诉讼. 如果在长期而不屈的奋斗之后,解题者只想出了几个弱的有利于他的方案的指示,他会想着彻底修改他的方案,或甚至完全放弃它.

另一方面,如果几个结果被证实了,几个反对被告的证据被提供了,几个指示被看到了,有利于博物学家的猜想的,有利于原告的,或有利于解题者方案的立场就会被大大地加强. 然而比数字更重要的恰恰也许是多样性. 彼此非常不同的结果,显然都是无关的证人,来自不同方面的指示,都有更重要的价值.(参阅§12.2,§13.11,§15.9.)

(9) 尽管有这些相似性，但是还存在着相当大的差别．博物学家的任务是尽可能多地搜集赞成或反对他的猜想的证据．法庭的任务是审定所有提供出来的有关证据．然而解题者的任务并不是尽可能多地搜集赞成或反对他的方案的证据，或拚命思考这种证据：总而言之，他的任务是解题，或按照这个方案，或按照任何其他方案，或者甚至不按什么方案去解题．

即使一个不完善的方案也可以为解题者的目的效劳．为了解答他的问题，他必须动用并组织他的过去经验的有关部分．解题者按照不完善的方案，但以真诚的努力工作着，他也许想起某个有关的项目，否则这一项目仍然还是藏着的并且在僻静处睡大觉；这会使他有一个新起点．在解题的时候常常一个坏方案也是有益的；因为它可以引出一个更好的方案来．

(10) 提出同一个证据的两个人是诚实的但意见不一致，即使他们依靠同一个合情推理模式．他们的背景可以不同．我的说不出来的，说不清楚的理由，我的整个背景会影响我对试验的或对法庭的证据的估价．它们还更多地影响我对赞成或反对我的方案的指示的估价，但是这是不合理的．对我来说，合理的应该是在解题的时候，比在别的条件下我必须更多地注意发挥我的背景的能力，而较少地去死扣已经清楚确切陈述出的理由：挖掘出隐藏在背景里的某个地方的有关资料才是我应该注意的地方．

还有，据我看来，解题老手的主要可贵之处在于他能同受过很好训练的博物学家处理试验证据，或同有经验的律师处理法律证据一样，机敏地处理赞成或反对他的方案的可用性的指示．

§9. 对教师说几句话

对数学可能存在着许多不同看法．我担心对许多学生来说数学好像是一套死板的解题法，其中一些在期末考试之前你必须死记硬背，然后就会全部忘光．对一些教师来说，数学是一套严格的证明系统，他们认为在课堂上讲授时，应该有个分寸，有个限度，如果不是这样，而把它讲得很通俗，他们就怕由于不严谨、不完全而有损于个人威信. 对于正积极搞研究的数学家来说，数学也许往往像是猜想游戏：在你证明一个数学定理之前，你必须猜想到这个定理，在你搞清楚证明细节之前，你必须先猜想出证明的主导思想.

我想，对视野广阔的哲学家来说，所有聪明才智的获得往往是通过猜想游戏的. 在科学中，同在日常生活中一样，当面临新情况时，我们就从某个猜想开始. 我们的第一个猜想会失败，会离目标很远，但是我们再试它一下，按照成功的程度，我们稍作修改. 在观察的推动下及类比的引导下，作过几次试验及几次修正之后，我们终于可以得到一个更满意的猜想. 当外行人发现博物学家是按这种方式进行工作的时候并不感到惊奇. 由于选择了适当的类比法，博物学家的知识被整理得很有条理，他的观察可能比别人更具有目的性，也更小心谨慎，他给他的猜想起个很高雅的名字并把它们称作"试验性的推广"，但是博物学家像普通人一样，是以猜想来使他的智力适应新的情况的. 而外行人听说博物学家像他自己一样在猜想并不感到惊讶. 使外行人似乎稍感惊讶的是数学家也在猜想. 数学家的创造性工作的结果是论证推理，是一个证明，但证明是由合情推理，是由猜想来发现的.

如果这是真的，并且我相信这是真的，那在数学教学中必须有猜想的地位. 教学必须为发明作准备，或至少给一点发明的尝试. 无论如何，教学不应该压制学生中间的发明萌芽. 对课堂上所讨论的问题已经稍有兴趣的学生，总期望得到某一类解答. 如果学生是聪明的，他能在一定程度上预见到这个解答，他会预见到：结果看来也许像是这样的，借如此这般手续也许有可能得到结果. 教师必须试着去了解学生可能在预期什么，他必须发现他们实际在预期什么，他必须指出他们应该合理地预期什么. 如果学生不聪明并且他特别令人讨厌，他常会提出荒唐而又不负责任的猜想. 教师应该说明，在数学领域中，猜想是合理的，值得尊敬的，是负责任的态度. 请允许我在此向教授所有班级的数学教师们呼吁：让我们教猜想吧！

我并不是说我们应该忽视证明．相反，我们必须两样都教，证明与猜想，两类推理即论证的与合情的．比任何具体的数学事实或诀窍，定理，或技巧都更有价值的是让学生弄清楚两件事情：

首先是会区别有效的论证与无效的尝试，会区别证明与猜想．

其次是区别更合理的猜想与较不合理的猜想．

在有些情况下教猜想比教证明更为重要．拿教工科学生的微积分来说吧．（我有这类教学的长期的各种各样的经验．）工程师们需要数学，他们中间有相当多的人对数学有浓厚的兴趣，但是他们没有受过弄懂 ε 证明的训练，他们顾不上 ε 证明，他们对 ε 证明没有兴趣．教给他们微积分规则就像是从天上掉下来的，硬塞给他们的教条，很不符合教育学规律．你的证明本来并不是完美的，你硬说它是天衣无缝，而其实并不是那么回事，就不正派了．冷静地承认你的证明是不完美的，但是可以从例子与类比中给出受尊敬的合情理由以代替证明得不完美的结果．于是你将不会因为捏造的假证明而感到可耻，并且一些学生在考试之后也会记住你所教的东西．基于长期经验，我可以说，对有才干的工科学生来说，比起严格证明来，他们更容易接受阐述得很好的合情推理论证法，并且他们对这样的证明都留下了良好的印象．

我说过教猜想是合乎需要的，但是教它是不容易的．没有极简单的猜想方法，因此也就不能有任何教猜想的极简单方法．我也许在前面已经说过几件愚蠢的事件，但是我希望，我能避免假装自己知道有绝对可靠的教猜想的办法．

者，教猜想不是不可能的．我希望一些详细解释过的例子以及前面提出来的一些练习将作为有益的启示．这些启示极其可能洒在有丰富实际解题经验的教师的肥沃土地上．

例如，拿 §4 与 §6 中所处理的例子来说，§4 中的与 §6 中的两种陈述是很不相同的．最明显的差别是一个短而另一个长．最本质的差别是一个给了证明而另一个只给了似真性．一个是被用来检验证明连续步骤的论证结论的．另一个是准备去看破某些步骤的启发动机的．论证的陈陈述是照自欧几里得起就有的公认的方法；启发式陈述在出版物中是极为少见的．细心的教师还是能够应用两种解释方法的．实际上，如果必要的话，只要他把握住有利时机，注意到他的学生的兴趣，注意到他工作的所有条件，他就可以构想一个介于两者之间的第三种陈述[1]．

这本书主要是写给希望发挥他们自己的才干的学生及好奇地想学习合情推理与它的不那么平淡无味的数学叙述的读者看的．我希望，在这本书里，教师的兴趣并没有被忽视，但是，是通过间接方法而不是直接方法来达到这个目的的．我希望有一天能弥补那个缺陷．同时，我反复讲我的希望，事实上，这本书对一些教师会是有益的．至少对那些有解题的真正经验的教师是有益的．问题是有这种经验的数学教师是如此之少．到目前为止，即使最好的教育学院也没有能培养出具有神奇般才能的教师，使得他在教学方法方面能有卓越的训练，他能使得他的学生懂得即使连他自己也没有弄懂的那些东西．

第十六章的例题和注释

1．致教师：一些典型问题．本书是打算给各类读者看的：一些人是想要了解猜想，一些人希望学习猜想，而一些人希望教猜想．但是本书很少有直接面对最后一类读者的地方，但是细心的教师可以从本书所提出来的与陈述的方法中学习一些东西．例如，他可以看到有些提问题的方法与普通方法很不相同．我希望指出几个典型问题，如“猜想与证实”问题，“检验结论”问题，“你也许猜错”问题，及“小范围理论”问题．细心的教师可以用所有这些典型问题去向他的更聪明的学生提问并使他从塞满教科书的单调无味的问题中解脱出来．

猜想与证实．数学事实首先是被猜想然后是被证实，而且本书的几乎每一节都力图证明那是标准程序．如果在学习数学时还

---

1) 关于§4与§6之间的中间陈述见《不等式》，249～250页．

有数学发现方面的什么事情可做的话，就必须使学生有个做问题的机会，在这些问题中他得在一定水平上，首先是猜想然后是证实一个数学事实．然而，普通教科书不提供那样的机会：如例 1.2，5.1，5.2，7.1～7.6（及许多其他例子）所给的机会．

检验结论．哲学家与非哲学家在接触到归纳法的几乎每件事情方面意见都不一致．但是几乎无可怀疑的是，最常见的归纳程序在于通过检验它的特殊结论来审定一般陈述．这种归纳程序在数学研究中每天都在用着，而且因为它真正有利于学生，也希望会每天在课堂中用上它．见 §12.2 及例 12.3～12.6．参阅例 6．

你也许猜错．你应该获得一些猜想经验．你应该从与客观事物的亲身接触中懂得，猜想也许是值得尊敬的．猜想也许失败，以及你自己的即使是很值得尊敬的猜想也会失败．用这样的经验，解释例 11.1—11.12．

小范围理论．在本书的几乎每一页上都先讨论一个相对来说是初等的问题，以便为讨论下面将要出现的与此相联系的不那么初等的问题打下基础．提出“小范围研究”理论的理由是：一个不太初等的问题可以把要说明的观点阐述得更深刻，但是它要求有长得多的解释及多得多的预备知识．“缩小范围”不是太容易的：能十分清楚地说明合情推理的各有关特征，并有独创性地说明推理的有关特征的初等问题也许是难以找到的．想出解释科学家在构造理论方面活动的初等问题倒是可能的，但那还是不那么容易的．下面例 2，例 3 及例 4 提出那种“小范围理论问题”；例 5 及例 6 稍微有些相似．

2．一个四边形被它的两条对角线切成四个三角形．如果在它们之中有公共顶点而没有公共边，我们就称其中两个三角形为“相对的”．证明下列陈述：

(a) 两个相对三角形面积的乘积等于另外两个相对三角形面积的乘积．

(b) 当且仅当存在两个面积相等的相对三角形时，四边形是个梯形．

(c) 当且仅当所有四个三角形面积都相等时，四边形是个平行四边形.

3.(a) 证明下面定理：一个点位于等边三角形内并且离三条边的距离分别为 x, y 及 z；h 是三角形的高，则 $x+y+z=h$.

(b) 精确叙述并证明在立体几何中关于正四面体的一个内点到它的四个面的距离的类似定理.

(c) 推广上述两个定理，以便将它们分别应用于平面或空间的任何点(并且不仅应用于三角形或四面体的内点)，给予精确陈述以及证明.

4.考虑下面四个命题，(I)～(IV)，它们不一定为真.

(I) 如果内接于圆的多边形是等边的，则它也是等角的.

(II) 如果内接于圆的多边形是等角的，则它也是等边的.

(III) 如果关于圆外切的多边形是等边的，则它也是等角的.

(IV) 如果关于圆外切的多边形是等角的，则它也是等边的.

(a) 陈述的四个命题中哪一个为真，哪一个为假，对每个情况的陈述给予证明.

(b) 如果我们不考虑一般的多边形，我们只考虑等边的，则四个命题中哪一个为真，哪一个为假？

(c) 五边形怎么样？

(d) 你愿意猜想，或者也许还愿意证明更广泛的陈述吗？它们将解释你的观察 (b) 与 (c).

5.设 α, β 及 γ 表示三角形的三个角. 证明

(a) $\sin\alpha+\sin\beta+\sin\gamma=4\cos\frac{\alpha}{2}\cos\frac{\beta}{2}\cos\frac{\gamma}{2}$,

(b) $\sin 2\alpha+\sin 2\beta+\sin 2\gamma=4\sin\alpha\sin\beta\sin\gamma$,

(c) $\sin 4\alpha+\sin 4\beta+\sin 4\gamma=-4\sin 2\alpha\sin 2\beta\sin 2\gamma$.

6.考虑有正方形底的直立棱锥的平截头台. 称平行于底面与顶面并与这两面有相等距离的平面与平截头台的交面为“中位面”. 称一条边等于底面边长而另一条边等于顶面边长的矩形为“中间矩形”.

你的四个不同的朋友都同意平截头台的体积等于高乘以某个面积，但是他们对这个面积有了不同意见并提出四个不同建议：

(I) 中位面，

(II) 底面与顶面的平均，

(III) 底面，顶面，以及中位面的平均，

(IV) 底面，顶面，以及中间矩形的平均。

设 h 为平截头台的高，a 为它的底边，b 为它的顶边．用数学记法表示四种提出来的规则的每一种，决定它是对的还是错的，同时证明你的答案．

7．谁证明得过多，谁就什么也没有证明．即如果你证明得过多了，你就什么也没有证明．我不能说明这句古老谚语的发明者当时是在哪种意义上用的，但我想解释谚语中我所体会的一个含义，即当我从事数学工作开始，并且自那时以来我发现这句谚语是极其有用的．这句谚语经常提醒我注意一些最有益的征兆，利用这些征兆我们就能判断解法的可用性．

这里有这样的情况：你希望证明一个命题，这个命题是由结论和好几条假设组成的，并且你知道这几条的每一条都为结论所必需，即如果不使命题的结论无效，那么它们中间没有一条能够被废弃．你已经想出一个证明方案，并且你正估量着你的方案的可行性．如果你的方案没用上所有各条假设，你必须修改你的方案或抛弃它：要是你不修改方案也能证下去并且最终证明了结论，尽管它把这一条或那一条假设丢在一边，然而在这种情况下，你的方案一定是证明得过多，即有些是假的，因而最终一定是什么也没有证明．

我说过，你的方案必须把那些条都用上．我的意思仅仅是空口说白话是不够的，只是注意到它们还不行：你的方案必须考虑在证明中把每一条切切实实地用上．打算证明结论的架子，如果没有稳固的立足点，这个证明的架子是搭不起来的．

设想出一个方案，它能把所有假设都充分地利用起来，那是十分困难的．因此，如果方案有用上所有各条假设的希望，我们是极

为高兴的：这意味着一个方案是有效的极好的征兆，极强的指示.

关于"发现的问题"解答的相应注解是必不可少的，见 §8 (3)，(4)，(5).

比起拉丁谚语来，如果你更喜欢法国谚语的话，这里有一句："新娘看上去太漂亮啦". 我不认为有详述这一点的必要；读者在看了前面内容之后就能给自已想像出细节来.

8. 接近与可信. 离解决还有多远？要做的事还有多少？这样一些问题使必须在规定的时间内完成任务的学生的心里很不安，然而它们总是存在于每个解题者的心头.

(1) 我们甚至能够在一定程度上回答这些问题，当然不是精确地，不过平均说来是相当正确的，我倾向于相信这点.

例如，我们回头来看图 16.1～16.5 及它们所描述的解的过程. 解题者会感到图 16.3 要比图 16.2 大大地接近于解答；并且一经得到图 16.4 他会感到解答就不难到手了.

关于判断是否接近解答，我们可以依靠说不清楚的感觉，或依靠特殊征兆. 任何指示我们方案可以成功的征兆也可以被解释为接近解答的进展，并且帮助我们估计还必须走多远.

(2) 让我们考虑"证明的问题"的解答. 其目的是要证实(或证明为假)某个定理. 解题者对他所证明的定理可以相信，或者不相信. 然而，如果他是一个有点才干的解题者，他必须时刻准备改变他的信任对象. 即在证明问题时，像"定理可信吗？它为什么可信？"这样一些问题虽然时隐时现，但始终是放在他的心头. 如果任何新的东西出现在他眼前，他就有两个问题："它使定理更可信还是更不可信？""它使解答离我们更近了呢还是不然？"当然，他的注意力被新事实所吸引，以致他没有功夫用语言确切陈述随便哪个问题. 他也可以无声地给自己一个回答. 即使他说："好兆头"或"坏兆头"，但他也未必会详细表达他想要表示的意思. 它是接近解答的征兆，或是定理可信的征兆吗？然而，如果他是个有才干的解题者，他会非常明白接近与可信之间的差别，并且这个差别将只能体现在他的工作之中，体现在他对问题的处理之中.

(3) 回想起一个从前一度知道，而现在又忘记了的名字是一个比数学问题更简单的任务，但与数学问题却有某种相似之处．我们经常能见到试图回想起某人名字的人，我们可以从这样的观察中学习一些有趣的东西．

在一次谈话中，你的朋友想要告诉你一个名字(也许是一家店名，一个熟人名字，或一个作者名字)．他被难住了，同时你听到他说："只消一会儿我就会想起它来的，"或"等一下，也许只一会儿我就想起它来．"或"我的脑袋真不好使，我怎么也想不起来这个名字了，但是我相信，几个小时之后我一定能想起来的，或许明天早晨能想起来，但是现在我实在想不起来了．"显然，你的朋友试图判断接近那个名字，他试图估量的是一种"心理学的距离"．我已猜测他的预告大概会是对的，他对那个"心理学的距离"的估计大概是正确的．

为了有可能同解题进行比较，注意一个回想名字的人也是有趣的．他不可能全部地回想起名字，但也许可能部分地回想起它，或者也许更明确地说，他或许能够想起名字的某些特征．你可以听你的朋友说："这名字不是贝登伯格(Battenberg)——他终归不是奎恩(Queen)的丈夫——但是它是德国人的名字，有三个音节，与贝登伯格非常相像．"虽然他只是在几天之后才会想起正确的名字，而(我已经观察到这些情况)你的朋友在所有这些特点方面会完全正确．

完全类似地，一个数学家，虽然他还没有解决他的问题，但是可以完全可靠地预见解答的某些特征．

对未来的数学家或教师来说，最有意义的解题的那些方面是不容易被归纳到实验心理学的普通方法中去的．也许，像回想名字这种在某些方面与解数学问题相似的过程，有可能较容易地被归纳到心理学实验范围里去．

9．**数值计算与合情推理．** 虽然数字常常被看作最精确的符号，而数值计算的结果决不是可靠的；它们只是合情的．数值计算在许多方面要依赖于合情推理．

(1) 你常常要做很长的数值计算. 而其最终结果是依靠一系列步骤而得到的. 你有极充分机会去正确地做随便哪个单独的一步，可是计算有许多步，在每一步都有出错的可能，而最终结果也许是错的. 你怎么能防止差错呢?

按尽可能不同的程序两次计算所求的数. 如果两次计算提供不同结果，至少它们中的一个是错的，这是肯定的，但也可能两个结果都是错的. 如果两次计算一致，两次所得结果的正确性也决不是确定无疑的，但是它或许是正确的，并且两个结果一致是它的正确性的表示. 这种表示的份量依赖于所使用的两种程序之间的差别.

例如，在做完一次计算之后，如果计算量很小，你立刻重复一遍，在方法上没有任何改变：由于第一次计算刚做完你还记忆犹新，你可能容易在第一次弄错的同一个地方第二次又弄错. 在这种情况下，由于两种程序之间的差别很小，所以其正确性所表示的份量也就很小. 如果过一会儿再重算就会稍好一点儿，让另外一个人第二次算它就更好了，用很不同的方法做第二次计算还要好.

事实上，如果两种完全不同的程序得到相同结果，我们只有两个明显的猜想：结果或许是正确的，或者其一致性可能出于偶然. 如果只是由于偶然一致的概率很小，那么两个对抗猜想的第二个相应地是不可靠的，我们想抛弃它，因而我们会更信任第一个猜想，即我们会更信任结果的正确性.

两次计算程序的差异越大，它们一致的概率的最简单值的计算就越逼真：两次计算仅仅是偶然地达到有相同的 n 位的概率是 10^{-n}；参阅 §14.9 (3) 例 14.11，但是也参阅 §14.32 及例 12.

在大规模计算中，由于采用*多重控制*使得偶然相合更不可能，这是一种很好的习惯作法. 在条件允许情况下两次计算应该尽可能用不同方法完成. 可是，如果正确，它们不仅会在最后结果中，而且会在几个中间结果中一致. 当一致的结果不断增加时，如再认为它是巧合就变得更困难，当然，虽然偶然性从来也不能完全排除掉，并且从来也不能充分保证结果是绝对正确的.

(2) 在前面，我们默认已知两次计算在理论上是严格等价的，并比较了它们的结果. 可是在应用数学里我们必须经常作近似计算，同时我们可以比较数值结果，即使所有包含的算术运算都没有错，其结果也不必完全一致；我们只是希望它们将"约略地"一致. 况且，我们也许对用以计算的近似方法理论知道得十分不完全. 在这样的情况下，合情推理的范围当然更宽广了，同时这种推理更冒险了. 参阅例 11.23.

(3) 两个数学家，A 与 B，研究同一套九个组合问题. 我们不必知道这些问题的题目（它们是同四维的超正方体有关的），但重要的是要知道它们是按困难增加的次序排列的. 头两个问题平淡无奇，第三个问题容易，第四个问题较不容易，其后它们变得更加复杂了，而最后一个问题最难了.

A 与 B 两人都解决了问题，但是他们的结果不完全一致. 这里有他们的关于九个问题的解答:

$$A: 1\quad 1\quad 4\quad 6\quad 19\quad 27\quad 47\quad 55\quad 78$$

$$B: 1\quad 1\quad 4\quad 6\quad 19\quad 27\quad 50\quad 56\quad 74.$$

即对于前六个问题 A 与 B 的结果一致，这些问题比较容易，但是关于后三个比较难的问题，他们的结果不一致. 事实上，他们是按照十分不同的方法做的.

A 着手解决九个问题中的每一个与另一些无关. 他的方法对每一个问题都稍有不同，并且当他着手更难的问题时，他的方法也变得更复杂了.

B 用相同的方法着手解决问题. 他的工作由两部分组成. 较困难的第一部分是为解决所有九个问题所作的共同准备. 第二部分是比较常规的问题，他把第一部分结果按照相同规则应用到每个单独的问题中去. 问题的困难程度似乎是不相同的，用 A 的方法处理要比用 B 的方法处理难得多.

我想所描述的情况给了我们以合理的依据，即比起 A 的解答来，我们更相信 B 的解答。

既然两种十分不同的方法关于前六个问题的结果是一致的，并且前六个问题总的来说是比较容易的，那么就有充分理由相信这些问题的解答是正确的．关于前三个问题的解答是毫无疑问的．

既然 B 的第一部分工作的结果是由它的 9 种情况中的 3 种的结论所证实的，并且大概在另外 3 种情况中也被证实了(在剩下的 3 种情况里它既没有被证实也没有被驳倒)，那末就有充分理由相信这个结果．

然而，如果 B 的第一部分工作是正确的(看来事实上是正确的)，他只可能错在处理后三个问题的较常规的第二部分．可是 A 在处理它们的时候有最大困难．因而 A 比起 B 来错的机会似乎更多[1)]．

刚才讨论的情况颇为特殊，但它表明合情推理有进一步探究的可能性．例如，它可以是一项表达刚才在概率演算的公式中，怎样尽可能适当地提出合情论证的报答任务．

10. 你必须把这样开头的十个六位数的一列加起来，例如

1596.03

1646.07

1781.10

…….

叙述做它的各种程序．

11. 把你看见的明白表示的一位数字的数，与你想着的两位数字的数相加，把它称为“基本步骤”；然而，包括第二个数也是明白表示的或它只有一位数字的可能性(它使步骤更容易些)．按最普通方法完成在例 10 中提到的加法需要多少基本步骤？

12. 在做计算的时候，你获得头两个九位数，而且获得作为差的最终结果弄清楚是一个三位数．另一种计算程序获得作为两个

---

1) 见 G. 波利亚，“关于复合命题的类型”(Sur les types des propositions composées)，《符号逻辑杂志》(*Journal of Symbolic Logic*)，第 5 卷 (1940)，98～103 页．

七位数的差的同样是三位数结果．应用在例 9 (1)中给的公式，计算这样一种一致性是由于机会的概率．

13．形式论证与合情推理．你要做一个长的数值计算．按一系列步骤得到了最终结果，如果每一步都正确，则最终结果必定正确．每一个单独步骤(如加法 3 + 7 或乘法 3 × 7)是如此简单而且熟悉，以致只要你专心那么在稍微顺当的情况下你都不会弄错．但是，像别人一样，你恐怕还会在计算中弄错．在十分小心地完成了连续步骤之后，如果不检验最终结果你就不应该相信它．

你完成了一个冗长的数学论证．此论证被假定是分成许多步，你能熟练地检验其中的每一步，如果每一步都对，则最后结论必定对．可是同别人一样，你也许弄错．在十分小心地检验连续步骤之后，你能相信最后结论吗？你相信的程度可能不会多于，甚至是少于对冗长计算最终结果的信任．

实际上，数学家一步一步检验完论证细节并发现每一步都是对的，但是他还会不满意．他需要比每个细节的正确性更使他自己满意的东西．这是什么？

他想弄懂论证．在一步一步地努力通过证明之后，他还更不怕麻烦：他再看，重算，重新确切陈述，并重新安排步骤直到他把细节组成一个可以理解的整体为止．只是在那时他才开始相信证明．

我就不敢去分析构成“弄懂”的是什么东西．有些人说它是建立在“直观”基础上的，并且他们相信直观具有了解整体与把细节组成一个整理好的和谐整体的性质．虽然我有些疑惑，但却不敢去反对这个[1]，可是我要求注意由本书的例子与讨论所强烈暗示的论点．

一些实际例子会使我们信服，类比与特例在寻求与理解数学

---

1) 直观的含义及它在组合细节中的作用通常是不太好解释的．然而，值得注意的是笛卡儿比较令人难忘地解释了这两点，“直观”这一术语的近代用法就是从他开始的，在他的关于思维方向的第三及第七条规则上，见《全集》(*Oeuvres*，由 Adam and Tannery 发行)，第 10 卷，368～370 页及 387～388 页．

论证中都有用．证明的一般方法，或相当多的部分会由类比来暗示或澄清．特例可以暗示一个证明（例如，见 §3.17）；另一方面，我们可以通过观察在熟悉的或临界的特例中证明是怎样进行的，来检验一个已经被确切陈述的证明．然而类比与特例是合情论证的最丰富的源泉：也许它们不仅帮助形成论证，并且使它更可以被理解，而且增添我们对它的信任．因而使我们相信，我们对论证推理的信任的绝大部分也许来自合情推理．

问 题 的 解 答

第十二章 解 答

1. 可以认为更像 §3.12 的表格(空间划分). 除去 §3.1 中所列出的多面体以外，所有提到过的表格都同证实具有特殊性质的命题 A 的归纳证据有关：A 断言，其意义要由可变整数 n 来确定的某个陈述 S_n，对 $n=1,2,\cdots$ 为真. 这样的命题 A 的归纳检查自然按某种次序进行：我们首先检验 S_1，然后 S_2，再后 S_3，如此等等. 这个次序在表格的安排上是可以看得见的. 然而如果我们审定像在 §3.1 那样同多面体有关的命题，就没有这样“自然的”次序. 我们可以从四面体开始我们的研究，从各种观点来看，它可以被看作“最简单的”多面体. 可是下一个我们该审定哪种多面体？没有令人信服的理由可以把某个多面体看作“次简单的”，把另一个看作第三简单的，如此等等.

2. 如果实例 101 与 301 同已经证实的实例1，2，3，…，20相隔要比同实例 21 与 22 显得“隔着更远”(并且在欧拉的研究中也是这样的)，那么比起实例 21 与 22 来更强调实例 101 与 301 的证实似乎是合理的(并且那确实同 §2 中所介绍的模式一致).

3. (1) $c=p$：三角形退化为直线；$A=0$.

(2) $c>p$ 使 A 成为虚的：由于 $c>p$ 就没有三角形.

(3) $a=b=c$：三角形是等边的并且 $A^2=3a^4/16$，而这个是对的.

(4) $a^2=b^2+c^2$：三角形是个直角三角形并且

$$\begin{aligned}16A^2&=(a+b+c)(b+c-a)(a-b+c)(a+b-c)\\&=[(b+c)^2-a^2][a^2-(b-c)^2]=(2bc)^2,\end{aligned}$$

或 $A^2=b^2c^2/4$，而这个是对的.

(5) $b=c=(h^2+a^2/4)^{1/2}$：三角形是等腰的，高为 h，并且

$$16A^2 = (a+2b)(2b-a)a^2$$
$$= (4b^2 - a^2)a^2$$
$$= 4h^2a^2,$$

而这个是对的.

(6) 维数是对的.

(7) 关于 A^2 的表达式原来是关于三条边 a, b 与 c 对称的.

4. (1) $d=0$: 四边形变成三角形，确认的公式化简为海伦公式，例 3.

(2) $d=p$: 四边形退化为直线; $A=0$.

(3) $d>p$ 使 A 成为虚的: 由于 $d>p$ 就没有四边形了.

(4) $a=b=c=d$ 给出 $A^2=a^4$, 对正方形这个是对的，但对菱形它就不对(太大): 正方形可内接于圆,而菱形却不能.

(5) $c=a$, $d=b$ 给出 $A^2=(ab)^2$, 对矩形这个是对的，但对斜平行四边形就不对(太大): 矩形可内接于圆，而斜平行四边形却不能.

(6) 在前面的(4)及(5)中确认的公式认为，不可内接的四边形面积的值太大: 这同 §10.5 (2) 及 §10.6 (3) 一致.

(7) 确认的公式正确地给出 A 的量纲.

(8) 按照确认的公式 A 是关于四条边 a, b, c 及 d 对称的: 如果交换两条邻边,内接四边形仍然内接于同一个圆. (考虑四个底为四条边且在圆心有公共顶点的四个等腰三角形.)

这些注记当然没有证实所提出的公式,但是按照在 §2 中所列出的模式,它们使它十分合情. 关于证明见例 8.41.

5. (1) $a=b=c=e=f=g$: 四面体是正四面体; $V=2^{1/2}a^3/12$.

(2) $e^2=b^2+c^2$, $f^2=c^2+a^2$, $g^2=a^2+b^2$: 四面体是"三直角的",即从同一个顶点发出的三条棱 a, b 及 c 是彼此垂直的; $V=abc/6$.

(3) $e=0$, $b=c$, $f=g$: 四面体坍下来,变成平面图形,一个三角形; $V=0$.

(4) $e = a$，$f = b$，$g^2 = c^2 = a^2 + b^2$：四面体坍下来，变成边长为 a 与 b 的矩形；$V = 0$.

(5) 乃是比 (4) 更广义的特例：四面体变成平面四边形，其边为 a, b, e, f，而其对角线为 c，g. 那么 $V = 0$ 给出一个普通四边形的边与对角线之间的关系，这个也能直接证明，虽然不那么容易.

(6) 量纲是对的.

(7) V 的表达式关于所有六条棱是不对称的，但不必如此：从同一个顶点发出的三条棱 a，b，c 所起的作用同包含一个三角形(一个面)的三条棱 e，f，g 不一样. 然而，我们能把所提出来的表达式变换为下面的形式：

$$\begin{aligned}144V^2 = & a^2e^2(b^2 + f^2 + c^2 + g^2 - a^2 - e^2) \\ & + b^2f^2(c^2 + g^2 + a^2 + e^2 - b^2 - f^2) \\ & + c^2g^2(a^2 + e^2 + b^2 + f^2 - c^2 - g^2) \\ & - e^2f^2g^2 - e^2b^2c^2 - a^2f^2c^2 - a^2b^2g^2.\end{aligned}$$

前三行对应于三对对棱，最后一行的四项对应于四面形的四个面：新的代数形式呈现出适于几何作图的已知条件的所有对称性（可交换性）. 顺便提一下，新形式(提供新形式的代数变换的正确性)也能由特例 (1)，(2)，(3)，(4) 来检验.

6.(1) 对

$$s_1, \quad s_3, \quad s_5, \quad q, \quad r,$$

我们分别求出证实两个公式的数值

$$6, \ 36, \ 276, \ 11, \ 6.$$

(2) 更一般地，设

$$a + b + c = s_1 = p = 0,$$

那么

$$\begin{aligned}s_3 &= -3ab(a + b), \\ s_5 &= -5ab(a + b)(a^2 + ab + b^2), \\ q &= -a^2 - ab - b^2, \\ r &= -ab(a + b),\end{aligned}$$

并且由于

$$-\frac{3s_5}{5s_3}=-a^2-ab-b^2,\ \frac{s_3}{3}=-ab(a+b),$$

两个公式被证实了.

(3) 更一般地，设 $c=0$. 更长的简单计算证实两个公式.

(4) 更一般地，设 $b+c=0$. 那末 $s_1=a$，$s_3=a^3$，$s_5=a^5$：在所提出来的关于 q 与 r 的表达式中分母与分子都为零.

关于证明与推广见《纯粹数学与应用数学杂志》，第9辑，第31卷(1952)，第37～47页.

7. 陈述 B_4 (有 $r=h=0$) 作为特例被包括在 $B_2(r=0)$ 与 $B_3(h=0)$ 之中. 因此，B_2 或 B_3 为真，B_4 也必为真. 如果我们把这一点已经搞得很清楚，继 B_2 或 B_3 证实之后，B_4 的证实就不给我们传递新信息了. 并且我认为，在没有新信息的地方，也不会有新证据. 但观察 B_4 还是值得的；它可以使整个结构完美.

8. 更细心注意 §6.2 中欧拉论文的第 9～第 13 中的推导说明，从数学上说 $c_1^*, c_2^*, \cdots, c_{20}^*$ 是由 $c_1, c_2, \cdots, c_{20}$ 推出来的：因此，$c_1^*, c_2^*, \cdots, c_{20}^*$ 的证实并没有真正提供新信息或证据，但是 c_{101}^* 与 c_{301}^* 的证实却提供了新信息或证据.

9. 模式基本上同将在例 11 中介绍的模式一致；见那里的注释.

10. 如果 $8n+3=w^2+2p$，整数 w 必是奇数. 因此，w^2 具有形式 $8n+1$，因而 p 具有形式 $4n+1$. 欧拉证实

$$p=u^2+v^2;$$

两个整数 u 与 v 中，一个必为奇数而另一个必为偶数. 因此

$$2p=2u^2+2v^2=(u+v)^2+(u-v)^2.$$

现在，w，$u+v$ 与 $u-v$ 是奇数. 设

$$w=2x-1,\ u+v=2y-1,\ u-v=2z-1,$$

则我们得到

$$8n+3=(2x-1)^2+(2y-1)^2+(2z-1)^2,$$

或

$$n=\frac{x-x}{2}+\frac{y^2-y}{2}+\frac{z^2-z}{2}.$$

13. 是的，应该同在 §6 中所介绍的模式一致。

11，12，14 没有解答.

第十三章　解　　答

1. 下面模式一般地是可以应用的:

$$\frac{\begin{array}{c}A\text{蕴含}B\\ B\text{假}\end{array}}{A\text{假}}$$

用非 B 代 B，再应用这模式. 你得到

$$\frac{\begin{array}{c}A\text{蕴含非}B\\ \text{非}B\text{假}\end{array}}{A\text{假}}$$

我们必须注意 §4 (5) 中的等价关系:

"A 蕴含 B" 等价于"A 同非 B 不相容." 这个等价关系一般地也是可以应用的. 用非 B 代 B，再应用这关系. 你得到

"A 蕴含非 B" 等价于"A 同 B 不相容". 此处我们认为非 B 的否定是 B，那当然是对的(因为 B 的否定是非 B)，因此我们拿 B 代非(非 B). 用 B 代等价式中的 A，这等价式写在 §4(3) 的末尾，我们也得到

"非 B 假" 等价于"B 真".

用对应的列在前面两个等价式的右边部分代最后一个模式的两个前提，我们得到:

$$\frac{\begin{array}{c}A\text{同}B\text{不相容}\\ B\text{真}\end{array}}{A\text{假}}$$

其实，这是 §3 的论证模式.

2. 假定下面模式一般地是可以应用的:

$$\frac{\begin{array}{c}A\text{蕴含}B\\ B\text{真}\end{array}}{A\text{更可靠}}$$

用非A代A以及非B代B，再应用这模式．你得到：

$$\frac{\begin{array}{c}\text{非}A\text{蕴含非}B\\ \text{非}B\text{真}\end{array}}{\text{非}A\text{更可靠}}$$

搜集下列三个等价式：

"非A蕴含非B"等价于"B蕴含A"，

"非B真"等价于"B假"，

"非A更可靠"等价于"A较不可靠"．

第一个已经在§4 (5) 里导出了．第二个已经在§4 (3) 里提到了，不过用另一种记法，即用A代B的记法．第三个已经在§5里讲过了（正是为现在的目的想出来的）．用刚才列出的三个对应的等价陈述去代所考虑的最后一个模式的前提与结论．你得到：

$$\frac{\begin{array}{c}B\text{蕴含}A\\ B\text{假}\end{array}}{A\text{较不可靠}}$$

除去用语上（或记法上）稍有变化外，其实这就是§2中所介绍的启发模式．

3. 从与例2中的模式相同的模式出发．以非B代B（如在例1中）．这样你得到：

$$\frac{\begin{array}{c}A\text{蕴含非}B\\ \text{非}B\text{真}\end{array}}{A\text{更可靠}}$$

搜集下列两个等价式：

"A蕴含非B"等价于"A同B不相容"

"非B真"等价于"B假"．

第一个已经在例1中导出．只是记法不同（A代替B），第二个在§4 (3) 中给出了．以刚才列出的等价陈述代所考虑的模式的两个前提．你得到

$$\frac{\begin{array}{c}A\text{同}B\text{不相容}\\ B\text{假}\end{array}}{A\text{更可靠}}$$

其实，这是§3的启发模式．

4.(a) 当陈述 B 作如下定义时，A 总是蕴含 B 的：

B. 字母要在字 TIREDNESS 的字母中选择；所求的有九个字母的字，同别的字谜的字在这些字母中间交叉.

让我们把 B 解释为对填入所提出来的字谜的两个地方的限制（末一个与倒数第三个）. 我们必须在两个情况之间进行区别.

如果我们把关于两个交叉字的答案看作是最终的，我们得知 B 为真，因而我们证实了猜想 A 的一个结论. 因此，按照基本归纳模式（§12.1）我们认为 A 更可靠.

然而，如果我们把关于交叉字的答案只看作是暂时的，我们只能使 B 更可靠. 因此在 §6 中所定义的基本归纳模式的被隐没的说法是适当的，并且关于 A 的证据当然要比前面的情况弱.

(b) DISSENTER.

5. 模式是 §13 (5) 的模式：

支持要证明的事实容易可靠或在要证明的事实的假定下是可以被理解的.

支持要证明的事实(非常)不容易可靠或如果没有要证明的事实的假定是可以被理解的.

支持要证明的事实本身被证实了.
———————————————
这使要证明的事实更可靠.

这里我们正在考虑的陈述好像更适合于法庭陈述，但是 §10 中的陈述更适宜于证明在物理科学或数学研究中归纳推理的最有用的形式联系.

6. 我们必须把指控当作猜想：

A. 支付公务员的汽车的现金来自立契约人的钱袋.

我们必须看作事实：

B. 从立契约人的帐上提款金额（875 元）等于给公务员汽车的现金支付，提款日子在支付日子前两天左右.

有 A 的 B 比没有 A 的 B 容易理解得多：如果提款与后来的支付没有关系，金额的精确相合及日子接近于一致必须归之于偶然性. 这种机会不是不可能的，但不像会发生的. 证据的强度要看这一点而定.§13(5)的模式似乎非常适合.

7. 让我们称可怜的怀特太太与布赖克先生为"被告".(他们不能回答指控,但是他们至少不能被格林太太反问.)剥去格林太太的虔敬的遁辞,她的指控当然是

A. 被告们双双过着私通生活.

我们承认作为事实的是

B. 在朦胧之中被告们隔着栅栏有过一次长谈.

不幸,如果下列两个前提被承认了,按照一个合理的模式(§13(5)),这个事实提供某个有利于 A 的情况证据:

有 A 的 B 容易可靠,

没有 A 的 B 较不容易可靠.

我恐怕,试图动摇那些附近的郊区居民对第一个前提的信任是没有用的.可是即使有些郊区居民在那个出名的傍晚会看见被告们充分讨论过租约,两者在这租约上都有正当利益.这大约使 B 没有 A 同有 A 一样可靠,使第二个前提无效,并为所提出来的情况证据辩护.这个论据用来反对格林太太的闲话也许是没有用的,虽然我以为是合理的而且是有代表性的.律师在反对一件情况证据时,他在"反驳"中十分经常想要破坏的正是模式的第二个前提.

8. 我们必须考虑另一个论点或猜想:

B. 被告在犯罪前三年同受害者很熟识.

不必说 A 被 B 所蕴含,但是按这个方向的较弱的陈述显然被证实了:

B 使 A 更可靠.

现在 C 没有证实 B,但确实使 B 更可靠.

由两个列出来的前提来看,我们想着引出结论:A 更可靠.

这似乎是提出一个新模式:

$$\frac{\begin{array}{c}A\text{ 由于 }B\text{ 而更可靠}\\ B\text{ 更可靠}\end{array}}{A\text{ 更可靠}}$$

这个模式的第一个前提比表 I 的 (2) 列 2 行中的模式的对应前提更弱，第二个前提是一样的：结论也必定更弱．[然而，见例 15.2。]

顺便提一下，公司大小关系：如果公司小，就使 B 比在相反情况里更可靠得多．

9 到 20 没有解答。

第十四章 解 答

1. (a) 由 $r_r + s_r = r_s + s_s = 1$ 推出．

(b) $r_r - r_s = s_s - s_r > 0$.

2. 用相当合适的例 1 的记法，$r_r - r_s = s_s - s_r < 0$.

3. $N\binom{n}{s}p^s q^{n-s}$，有 $N = 26306$，$n = 12$，$p = 1/3$，$q = 2/3$，那里 s 是在(1)列中同一行的数．

4. 表达式同例 3 的解相同，有关于 N 与 n 的相同数值及 s 的相同含义，但 $p = 0.3376986$，$q = 1 - p$.

5. (a) $N\mu^s e^{-\mu}/s!$ 有 $N = 30$，$\mu = 10$，而 s 为在(1)列中对应的记录．

(b) $- - - + + - - + - - - + + + - + - + + +$.

6. 6^{-3n}.

7. 把三粒骰子连续不断地掷五次每粒都是六点的那种复合事件，依据骰子公平的假设，只有概率 6^{-15}：例 6 中的 $n = 5$.

8. (a) $2\int_\alpha^\infty y dx = 1.983 \cdot 10^{-7}$,

此处 $y = (2\pi)^{-1/2}e^{-x^2/2}$，$\alpha = 1377.5(pqn)^{-1/2}$，

$$p = 1/3,\ q = 2/3,\ n = 315672.$$

(b) $\int_\alpha^\beta y dx = 1.506 \cdot 10^{-3}$,

有 $\beta = -\alpha = 0.5(pqn)^{-1/2}$ 及 y，p，q，与 n 有与 (a) 下一样的含义．为了使计算数值能同它们在此处给定的一样精确，最简单的通用概率积分表就不够用了。

9. 是关于在样本中分别找到无零件次品，只有一件次品，恰好有两件次品，…，恰好有 c 件次品的。

10. 如果提供方程

$$\frac{c}{p}-\frac{n-1-c}{1-p}=0$$

并因而提供在 §8 (1) 末尾给定的值，$\log(da/dp)$ 的导数为零，则 $d^2a/dp^2=0$.

11. 倘若我们承认下列假设的一个或另一个，所求的概率是 10^{-n}:

(I) n 位数字的所有可能数列是同样可能的。(有 10^n 个这样的数列。)

(II) 数列中的各位数字是相互独立的，并且对每位数字来说十种可能情况 0, 1, 2, …, 9 都是同样可能的。(重复使用 §3 (5) 的规则。)

两个假设好像是"自然的"，但是，这两个假设在逻辑上都不是必须的：即使给出强烈暗示，答案 10^{-n} 在数学上还是不确定的。

12. 假定 l 个不同字母能分别以概率 $p_1, p_2, \cdots, p_l$ 从袋子里摸出来。我们有两个袋子并且我们从每一个袋子里挑选出一个字母：相合的概率为 $p_1^2+p_2^2+\cdots+p_l^2$. 在假设 II 的情况里，$l=17$ 而 $p_1, p_2, \cdots, p_{17}$ 可以按实际计算求得。

13. 在两种情况中

$$\sum_{k=n}^{10}\binom{10}{k}p^kq^{10-k}=1-\sum_{k=0}^{n-1}\binom{10}{k}p^kq^{10-k},$$

此处 $q=1-p$; (a) $p=0.0948$, (b) $p=1/26=0.03846$.

14. 在两种情况中 np 有 $p=0.0948$; (a) $n=450$, (b) $n=90$.

15. $(npq)^{1/2}$ 关于 $n=90$, $p=0.0948$, $q=1-p$. 标准偏差计算是建立在教科书上找不到的一个公式的基础上的。用例 12 的记法取

$$p = p_1^2 + p_2^2 + \cdots + p_l^2,$$
$$p' = p_1^3 + p_2^3 + \cdots + p_l^3,$$
$$\sigma^2 = n(n-1)w[p(1-p) + 2(n-2)(p'-p^2)]/2.$$

然后 $n = w = 10$，$p = 0.0948$，$p' = 0.01165$ 给出 $\sigma = 7.60$.

16. 我们假定用硬币做的 60 次试验是独立的并重复应用 §3 (5) 中所介绍的规则.

17. 推广所提出来的数表

s	r	n
s'	r'	n'
S	R	N

并将它作如下解释. 有 $N = R + S = n + n'$ 张卡片，其中 $R = r + r'$ 张卡片是红的，而 $S = s + s'$ 张卡片是黑的. 卡片随机地在两个游戏者之间进行分配；一个收到 n 张卡片，另一个收到 n' 张卡片. 第一个游戏者收到 r 张红卡片与 s 张黑卡片，同时另一个游戏者收到 r' 张红卡片与 s' 张黑卡片的概率是多少？(当然，$r + s = n$，$r' + s' = n'$.) 如众所周知，答案是

$$\frac{\binom{R}{r}\binom{S}{s}}{\binom{N}{n}} = \binom{n}{r}\frac{R(R-1)\cdots(R-r+1)S(S-1)\cdots(S-s+1)}{N(N-1)\cdots(N-n+1)}$$
$$= \frac{1}{N!}\,\frac{R!S!n!n'!}{r!s!r'!s'!}.$$

包括在表内的 9 个量中只有四个可以任意给定，剩下 5 个量的值由上面写的关系式得到. 我们将数 $n = 9$，$n' = 11$，及 $S=8$ 取作定数 (接受每一种疗法的病人数及不治病例总数)，由它们得 $N = 20$，$R = 12$. 可是我们假定相继取 $s' = 2, 1, 0$ (用第二种疗法的死亡数 $\leqslant 2$). 由公式，我们按这三种情况的每一种计算概率(用新疗法的死亡数不大于 2，即2张，1 张或 0 张黑卡片给了新人先生)并且加上关于这些相互排斥事件的概率我们知道:

$$\frac{12!8!9!11!}{20!}\left[\frac{1}{3!6!9!2!}+\frac{1}{2!7!10!1!}+\frac{1}{1!8!11!0!}\right]$$

$$=\left[\binom{12}{9}\binom{8}{2}+\binom{12}{10}\binom{8}{1}+\binom{12}{11}\binom{8}{0}\right]\Big/\binom{20}{11}=\frac{335}{8398}.$$

18. 按照 §3 (5) 的推理的明显扩展（图 14.2 的三维模拟），可能情况数是 n^3. 所有有利情况，即方程 $Z = X + Y$ 的所有可容许解被列举如下：

$$2 = 1 + 1,$$

$$3 = 1 + 2 = 2 + 1,$$

$$4 = 1 + 3 = 2 + 2 = 3 + 1,$$

$$\cdots\cdots\cdots\cdots\cdots\cdots\cdots\cdots$$

$$n = 1 + (n-1) = 2 + (n-2) = \cdots = (n-1) + 1.$$

因此有利情况数是

$$1 + 2 + 3 + \cdots + (n-1) = n(n-1)/2,$$

并且所求的概率是

$$\frac{n(n-1)/2}{n^3} = \frac{n-1}{2n^2}$$

21. 从许许多多人口中得到的 38 个登记的样本包括 30 个或更多的是精神病的概率是

$$\sum_{i=30}^{38}\binom{38}{i}p^i(1-p)^{38-i} < \binom{38}{8}p^{30}(1-p)^8\sum_{i=0}^{\infty}\left(\frac{p}{1-p}\right)^i$$

$$=\binom{38}{8}\frac{(1-p)^9}{1-2p}p^{30} \sim 4.61 \times 10^{-23},$$

假使人口的 $100p\% = 1\%$ 是精神病的话. 所估计的概率按照公务员的观察，在最简单的假设下，经计算之后，可能就是日报声明中的数字.

22. 所求的概率是

$$4\left\{\left(\frac{2}{12\times 60}\right)^3 + 3\left(\frac{2}{12\times 60}\right)^2\left(1-\frac{2}{12\times 60}\right)\right\} \sim 0.0000924.$$

（四个钟的任何一个都有可能是三个一致指示最早时间的钟中间的一个．花括弧里第一项是四个钟各自指示的相互间差值不超过2分钟的概率．）

23．整数 a 取值

$$-n, \cdots, -2, -1, 0, 1, 2, \cdots, n$$

中间的一个．我们假定这 $2n+1$ 个值是同样可能的，对 b, c, d, e 及 f 我们作相应的假定并且也假定 a, b, c, d, e 及 f 是相互独立的． 只有在对"随机选择"给出确切含义之后，我们才能继续解答问题．

当且仅当 $ad-bc \neq 0$ 时只有一个解．我们能够，并且真的忽略 e 与 f：有 $(2n+1)^4$ 种可能情况．为了区别两种可能性，我们列举不利情况．

（I）$a=0$．于是 $bc=0$，d 任意，则有 $(2n+2n+1)(2n+1)$ 种情况．

（II）$a \neq 0$．于是 a 能取 $2n$ 个值，b 与 c 是任意的，而 d 由 a, b 及 c 唯一确定：有 $2n(2n+1)^2$ 种情况．

所求概率是

$$1-\frac{(4n+1)(2n+1)+2n(2n+1)^2}{(2n+1)^4}$$

$$=1-\frac{4n^2+6n+1}{8n^3+12n^2+(6n+1)}>1-\frac{1}{2n},$$

因而当 n 趋于∞时，它趋于1．这给下面陈述以另一种含义："有两个未知数两个方程的方程组，一般地说只有一个解．"参阅§11.3，例11.16．

24．O的证实要比E的证实给 TOWER 以更多的信任．既然比起E来O出现的频率小，所以O在交叉字中的出现比起E的出现就较不容易解释为偶然相合．

25．将每一列相接连的数之间的差制成一个表，然后再将相接连的差的差（所谓"二次差"）列出来，我们得到：

I			II		
1005			1004		
	28			34	
1033		+14	1038		0
	42			34	
1075		−11	1072		0
	31			34	
1106		−5	1106		−1
	26			33	
1132		+21	1139		+1
	47			34	
1179		−21	1173		−1
	26			33	
1205		0	1206		0
	26			33	
1231		+17	1239		−1
	43			32	
1274		−16	1271		0
	27			32	
1301			1303		

第一个差足够清楚地显示在 II 中是有规律的，而在 I 中却没有. 可是第二次差还更富于启示：II 表明由不可避免的舍入误差所引起的不规则性具有最小值，但是在 I 中的二次差在符号上有变化并且相差数很大. 在检验造好的数字表时，这种“求差”是一种重要运算. 有两点注记.

(1) 在函数 $f(x)$ 表中，按照中值定理，一次差同 $f'(x)$ 有关，而二次差同 $f''(x)$ 有关. 这给我们提供一个检验差的机会.

(2) 表 I 中最后的小数其实是 π 的按相反次序的前十个小数. π 的相继小数的行为恰好像它们是由于机会产生的，这种观点已经多次以许多变化形式表达过了.

27. 假定 A 同 B 无关：

(6) $$\Pr\{A/B\} = \Pr\{A/\bar{B}\}.$$

(为了避免同例 26 中记的数相矛盾，我们从 (6) 式着手.) 应用 (4),(2),(6) 及 (3) (按这个次序)我们得到

(7) $$\begin{aligned}\Pr\{A\} &= \Pr\{AB\} + \Pr\{A\bar{B}\}\\ &= \Pr\{B\}\Pr\{A/B\} + \Pr\{\bar{B}\}\Pr\{A/\bar{B}\}\\ &= \Pr\{A/B\}(\Pr\{B\} + \Pr\{\bar{B}\})\\ &= \Pr\{A/B\}.\end{aligned}$$

由 (2), (7) 及 $\Pr\{A\} \neq 0$ 得

$$(8)\qquad \begin{aligned} \Pr\{A\}\Pr\{B/A\} &= \Pr\{B\}\Pr\{A\}, \\ \Pr\{B/A\} &= \Pr\{B\}. \end{aligned}$$

如同(7), 再应用 (4) 及 (2), 并且也应用 (8), (3) 及 $\Pr\{\overline{A}\} \neq 0$, 我们得知

$$(9)\qquad \begin{aligned} \Pr\{B\} &= \Pr\{A\}\Pr\{B/A\} + \Pr\{\overline{A}\}\Pr\{B/\overline{A}\}, \\ (1-\Pr\{A\})\Pr\{B\} &= \Pr\{\overline{A}\}\Pr\{B/\overline{A}\}, \\ \Pr\{B\} &= \Pr\{B/\overline{A}\}; \end{aligned}$$

(6), (7), (8) 及 (9) 证明了所求的结论.

28. 如果 A 与 B 是互相独立的.

$$\Pr\{AB\} = \Pr\{A\}\Pr\{B\}.$$

这由例 26 的规则(2)及例 27 的定义 (II) 得之.

29. (a) $\Pr\{A\}$, $\Pr\{A/B\}$, $\Pr\{A/\overline{B}\}$,

(I) $\frac{1}{3}$, $\frac{1}{3}$, $\frac{1}{3}$,

$\Pr\{B\}$, $\Pr\{B/A\}$, $\Pr\{B/\overline{A}\}$,

$\frac{1}{2}$, $\frac{1}{2}$, $\frac{1}{2}$,

(a) $\Pr\{A\}$, $\Pr\{A/B\}$, $\Pr\{A/\overline{B}\}$,

(II) $\frac{1}{3}$, 1, $\frac{1}{5}$,

$\Pr\{B\}$, $\Pr\{B/A\}$, $\Pr\{B/\overline{A}\}$,

$\frac{1}{6}$, $\frac{1}{2}$, 0.

(b) $\Pr\{AB\} = \Pr\{A\}\Pr\{B/A\} = \Pr\{B\}\Pr\{A/B\}$,

(I) $\frac{1}{3} \cdot \frac{1}{2} = \frac{1}{2} \cdot \frac{1}{3}$,

(II) $\frac{1}{3} \cdot \frac{1}{2} = \frac{1}{6} \cdot 1$.

(c) 公式一般地由例 26 (4), (2) 推出. 数字上有

$$\Pr\{A\} = \Pr\{B\}\Pr\{A/B\} + \Pr\{\bar{B}\}\Pr\{A/\bar{B}\},$$

$$(\mathrm{I}) \quad \frac{1}{3} = \frac{1}{2} \cdot \frac{1}{3} + \frac{1}{2} \cdot \frac{1}{3},$$

$$(\mathrm{II}) \quad \frac{1}{3} = \frac{1}{6} \cdot 1 + \frac{5}{6} \cdot \frac{1}{5}.$$

$$\Pr\{B\} = \Pr\{A\}\Pr\{B/A\} + \Pr\{\bar{A}\}\Pr\{B/\bar{A}\},$$

$$(\mathrm{I}) \quad \frac{1}{2} = \frac{1}{3} \cdot \frac{1}{2} + \frac{2}{3} \cdot \frac{1}{2},$$

$$(\mathrm{II}) \quad \frac{1}{6} = \frac{1}{3} \cdot \frac{1}{2} + \frac{2}{3} \cdot 0.$$

(d) 用 (I), A 与 B 互相独立,用 (II) 它们互相不独立.

19, 20, 26, 30, 31, 32, 33 没有解答.

第十五章 解 答

1. 由于 H 蕴含 A 与 B 两者,

$$\Pr\{A/H\} = 1, \ \Pr\{B/H\} = 1.$$

因此,按例 14.26 的规则 (2),

$$\Pr\{H\} = \Pr\{A\}\Pr\{H/A\}, \ \Pr\{H\} = \Pr\{B\}\Pr\{H/B\}.$$

消去 $\Pr\{H\}$, 我们得到

$$\Pr\{A\}\Pr\{H/A\} = \Pr\{B\}\Pr\{H/B\}.$$

如果我们把 H 与 A 之间的关系, 也把 H 与 B 之间的关系看作不变的,而把 $\Pr\{H/A\}$ 与 $\Pr\{H/B\}$ 看作常数, 并设 $\Pr\{B\}$ 增加, 借我们最后一个方程, $\Pr\{A\}$ 也将增加.

2. 按例 14.26 (2), (3), (4) 公式

$$\Pr\{A\} = \Pr\{A/\bar{B}\} + \Pr\{B\}(\Pr\{A/B\} - \Pr\{A/\bar{B}\}).$$

我们把 $\Pr\{A/B\}$ 及 $\Pr\{A/\bar{B}\}$ 取定,但让 $\Pr\{B\}$ 增加. (这很自然地可以由例 13.8 所考虑的情况中看出来.) 如果

$$(*) \qquad \Pr\{A/B\} > \Pr\{A/\bar{B}\},$$

则 $\Pr\{B\}$ 的增加意味着 $\Pr\{A\}$ 相应的增加. 在例 13.8 的具体例子中, 这个不等式似乎是可以接受的. 可是在例 13.8 的解答中给

出的模式，它的陈述好像是不可接受的. 这里有一个陈述，它好像更好些，并且确实与公式一致：

$$\frac{\begin{array}{c}\text{有}B\text{的}A\text{比没有}B\text{的}A\text{更可靠}\\ B\text{（变得）更可靠}\end{array}}{A\text{（变得）更可靠}}$$

如果 A 是 B 的结论，则 $\Pr\{A/B\}=1$，(*) 确实对，并且模式变为 §13.7 中表 I，2 行，2 列的那个模式.

3. 回顾几种情况，在这几种情况里我们已经借概率演算公式描述了合情推理模式：§6～§10 与例 1～2. 在这些情况里，由例 13.10 所确认的单调性与连续性从下面简单的数学事实来看是显然的：如果 a，b，c，d，x_1，x_2 是实常数，$ad-bc\neq 0$，由

$$y=\frac{ax+b}{cx+d}$$

所定义的 x 的函数又有性质：当 $x_1<x<x_2$，$0\leqslant y\leqslant 1$ 时，则对 $x_1\leqslant x\leqslant x_2$，$y$ 是严格单调且连续的. 关于例 13.10 的注记的推广我们必须注意这点：如果 y 不是线性分式函数，更一般地，而是 x 的有理函数，除去它变为无穷大的那些点之外，它还必须是 x 的连续函数，但是没有更多必要是单调函数.

4，5，6，7，8，9 没有解答.

第十六章　解　　答

2. [斯坦福，1951.] 四边形必须是凸的. 让我们称被它的对角线所分割成的三角形为 I，II，III，IV，四个三角形的面积也分别为 (I)，(II)，(III)，(IV)，从对角线的交点到四边形的四个顶点所引的四条直线长度为 p，q，r，s. 按"循环次序"取名与编号，以使长度为 p 的边是 IV 与 I 的公共边，q 是 I 与 II 的公共边，r 是 II 与 III 的公共边，s 是 III 与 IV 的公共边；I 与 III 相对，II 与 IV 相对；$p+r$ 是一条对角线长度，$q+s$ 是另一条对角线长度. 设 p 与 q 夹有角 α，则有

$$2(\mathrm{I})=pq\sin\alpha,\qquad 2(\mathrm{II})=qr\sin\alpha,$$

$$2(\mathrm{III}) = rs\sin\alpha,\quad 2(\mathrm{IV}) = sp\sin\alpha.$$

因此

(a) (I)(III) = (II)(IV).

(b) I 的底边平行于 III 的底边，当且仅当

$$p/q = r/s \text{ 或 } (\mathrm{II}) = (\mathrm{IV}).$$

(c) 四边形是平行四边形，当且仅当

$$p = r,\ q = s \text{ 或 } (\mathrm{I}) = (\mathrm{II}) = (\mathrm{III}) = (\mathrm{IV}).$$

3. [斯坦福，1949.] (a) 设 a 是等边三角形的边. 把它的内点同它的三个顶点连接起来，你就把它分成三个三角形了，其面积加起来就等于总面积：$ax/2 + ay/2 + az/2 = ah/2$. 用 $a/2$ 除。见图 8.8。

(b) 高为 h 的正四面体的一个内点到四个面的距离分别为 x, y, z 与 w，则 $x + y + z + w = h$. 证明是类似的：把正四体分成四个四面体.

(c) 在 (a) 与 (b) 两种情况中所证明的关系对外点仍然有效，倘若距离 x, y, z（与 w）取以适当的符号的话：当站在点上的观察者从内部看见边（面）时取＋，当他从外部看见边(面)时取－. 证明基本上相同.

4. [斯坦福，1946.] (a) (I) 与 (IV) 一般地为真，但 (II) 与 (III) 不为真；见 (b).

(b) (II) 与 (III) 为假：矩形与菱形分别为反例.

(c) (II) 与 (III) 对五边形为真.

(d) 由 (II′) 及 (III′) 推得，(II) 与 (III) 对有奇数条边，3 或 5 或 7 … 的多边形为真，

(II′) 如果内接于圆的多边形是等角的，任何两条边相等，而这两条边只被一条夹在中间的边分开. 因此，如果边数为偶，等于 $2m$，或所有 $2m$ 条边相等，或 m 条边等于 a 而余下 m 条边等于 b，$a \neq b$，并且没有两条有公共顶点的边相等.

(III′) 如果外切于圆的多边形是等边的，则任何两个角相等，而这两个角只被一个夹在中间的角分开. 因此，如果角数为偶，等

于 $2m$，或所有 $2m$ 个角相等，或 m 个角等于 α 而余下的 m 个角等于 β，$\alpha \neq \beta$，并且没有两个有公共边的角相等.

为了证明 (I)(II′)(III′)(IV) 将圆心同多边形顶点连接起来，从圆心向边引垂线，并挑选出全等三角形.

5. [斯坦福，1947.] (a) 与 (b) 之间的关系表现出类似于 (b) 与 (c) 之间的关系；左边的相似性显得比右边的更清楚. 因此自然要寻求从 (a) 到 (b) 的某种过渡，它也可以适合于从 (b) 到 (c) 的过渡. 存在这样一种过渡：如果

$$\alpha + \beta + \gamma = \pi,$$

$$2\alpha + 2\beta + 2\gamma = 2\pi \neq \pi,$$

但
$$(\pi - 2\alpha) + (\pi - 2\beta) + (\pi - 2\gamma) = \pi.$$

对任何具有和为 π 的三个角 α, β, γ (a) 成立是当然的，借分别代入这些角 $\pi - 2\alpha$，$\pi - 2\beta$，$\pi - 2\gamma$，我们得到 (b)，借应用同样的代换我们从 (b) 过渡到 (c).

(a) 留待证明，它可以通过多种途径得到，譬如有如下方法. 以 $2u, 2v$ 及 $\pi - 2u - 2v$ 分别代 α, β 及 γ，我们将 (a) 变换为

$$\sin u \cos u + \sin v \cos v$$
$$= [2\cos u \cos v - \cos(u + v)] \sin(u + v).$$

应用余弦与正弦的加法定理.

6. [斯坦福，1952.] 按照四个建议，平截头体的体积应分别为

(I) $[(a + b)/2]^2 h$,

(II) $[(a^2 + b^2)/2]h$,

(III) $[a^2 + b^2 + (a + b)^2/4]h/3$,

(IV) $[a^2 + b^2 + ab]h/3$.

如果 $b = a$，则平截头体变成体积为 a^2h 的棱柱：(I)(II)(III)(IV)所提供的正确结果相一致. 如果 $b = 0$，平截头体变成体积为 $a^2h/3$ 的棱锥：只有(IV)产生这个结果，因而 (I)(II)(III) 提供不同值，必定是不正确的. (IV) 一般地说是正确的，还必须得证明它；见其他教科书.

10. (1) 你拿纸和铅笔按最常用的方法做加法，从最后一列顶

上开始一直往下加；在所给的例子中头两步是 $3+7=10$，$10+0=10$。然后你继续往下做下一列，如此等等。(2)你按以前一样的次序取列，但你从底下开始逐列往上加。(3)你再按同样次序取列，但每一回做两次，第一次向下，然后向上；你向下加着，当加到底的时候你记下结果，并用向上加的结果检验它。(4)先加第一，第三，第五，…列的数，然后加第二，第四，第六，…列的数，最后加得到的两个和数；这要求额外多记一些。(5)做一次手算加法之后，再用计算器重做一次，每次都按此法重复下去。

11. 59。

12. 10^{-9}。(不是 10^{-3} 或 10^{-7}。)

1，7，8，9，13 没有解答。